DIE WAFFEN DER CHINESISCHEN ARMEE

PANZERFAHRZEUGE

Victor Schunkow

Motor
buch
Verlag

IMPRESSUM

Umschlaggestaltung: Sven Rauert unter Verwendung eines Motivs aus dem Archiv der U.S. Air Force (vorne) sowie des China News Service (CC-BY-SA 3.0)

Bildnachweis: Die zur Illustration dieses Buches verwendeten Aufnahmen stammen – wenn nicht anderes vermerkt ist – vom Verfasser.

Übersetzung und Bearbeitung Franz Leip

ISBN: 978-3-613-04764-8

1. Auflage 2025

Sie finden uns im Internet unter www.motorbuch-verlag.de

Lektorat: Redaktion Motorbuch
Innengestaltung: ERWE-WERBUNG Ralf Weinreich, Halle/S.
Druck und Bindung: Graspo CZ, 76302
Printed in Czech Republic

INHALT

Einführung **4**

Entwicklung und Aufbau der chinesischen Panzerwaffe **13**

Kampfpanzer **18**
Kampfpanzer Typ 59 (ZTZ-59) 18
Kampfpanzer Typ 69 (WZ-121) 24
Kampfpanzer Typ 79 (WZ-121D) 28
Kampfpanzer Typ 80 (ZTZ-80) 31
Kampfpanzer Typ 85 34
Kampfpanzer Typ 88 (ZTZ-88) 37
Kampfpanzer Typ 90-II 41
Kampfpanzer Typ 96 (ZTZ-96) 45
Kampfpanzer Typ 98 (ZTZ-98) 50
Kampfpanzer Typ 99 (ZTZ-99) 54
Kampfpanzer Typ 99A (ZTZ-99A) 60
Kampfpanzer »Jaguar« 66
Kampfpanzer VT-1 (MBT-2000, »Al-Khalid«) 70
Kampfpanzer VT-2 74
Kampfpanzer VT-4 (MBT-3000) 78
Leichter Kampfpanzer Typ 15 (ZTQ-15) 82
Leichter Kampfpanzer VT-5 86
Leichter Kampfpanzer Typ 62 (WZ-131) 88
Leichter Kampfpanzer ST-2 92
Schwimmpanzer Typ 60 94
Schwimmpanzer Typ 63 (WZ-211) 99
Schwimmpanzer Typ 63A (ZTS-63A) 102

Mannschaftstransportwagen und Schützenpanzer **106**
Gepanzerter Mannschaftstransportwagen Typ 55 107
Gepanzerter Mannschaftstransportwagen Typ 56 112
Gepanzerter Mannschaftstransportwagen Typ 63A (WZ-531A) 118
Gepanzerter Mannschaftstransportwagen Typ 85 (YW-531H) 123
Gepanzerter Mannschaftstransportwagen Typ 66 125
Gepanzerter Mannschaftstransportwagen Typ 77 (WZ-511) 129
Gepanzerter Mannschaftstransportwagen Typ 89 (YW-534) 133
Gepanzerter Mannschaftstransportwagen ZFB-05 138
Gepanzerter Mannschaftstransportwagen Typ 08 (ZSL-08) 142
Gepanzerter Mannschaftstransportwagen ZBL-09 144
Radschützenpanzer Typ 92A (WZ-551) / ZSL-92A 150
Radschützenpanzer NGV-1 (ZSL-92) 154
Radschützenpanzer VP-10 158
Kettenschützenpanzer Typ 85 (YW-309) 162
Kettenschützenpanzer Typ 86 (WZ-501) 164
Kettenschützenpanzer Typ 89-II (ZSD-89-II) 170
Kettenschützenpanzer ZBD-04 (ZBD-97) 174
Schwerer Schützenpanzer VN-17 180
Luftlande-Schützenpanzer ZBD-03 184
Amphibien-Schützenpanzer ZBD-2000 (ZBD-05) 189
Kampfunterstützungsfahrzeug ZTL-09 193
Kampfunterstützungsfahrzeug ST-1 196
Kampfunterstützungsfahrzeug WMA-301 200
Panzerjäger PTL-02 (Typ 02) 204

Kampfpanzer Typ 96. (Foto: Witaly W. Kusmin)

EINFÜHRUNG

Die chinesische so genannte Volksbefreiungsarmee (VBA) geht auf die Rote Arbeiter- und Bauernarmee zurück, die am 1. August 1927 als militärischer Flügel der Kommunistischen Partei Chinas (KPCh) gegründet wurde. Während des Japanisch-Chinesischen Krieges 1937–1945 war diese Truppe nominell Bestandteil der Nationalrevolutionären Armee der Republik China und bildete zwei große Truppenverbände, die Achte und die Vierte Armee. Während des Chinesischen Bürgerkriegs, der rund anderthalb Jahre nach der Kapitulation Japans (2. September 1945) im Februar 1947 ausbrach, wurden die Achte und Vierte Armee zur „chinesischen Volksbefreiungsarmee" umgewandelt. Nach dem Sieg im Bürgerkrieg und der Gründung der Volksrepublik China am 1. Oktober 1949 wurde die VBA in mehreren Reformen aus guerillaähnlichen Verbänden nach sowjetischem Vorbild zu einer modernen Streitkraft umgestaltet.

Die Aufgaben der VBA formulierte Hu Jintao, Generalsekretär des Zentralkomitees der KPCh, im Jahr 2004 wie folgt:

- Primat der Politik und Führungsanspruch der KPCh
- Schutz der Souveränität, der territorialen Integrität, der inneren Sicherheit und der nationalen Entwicklung der Volksrepublik China
- Wahrung der Interessen des Landes
- Erhalt und Verteidigung des Weltfriedens

Um diese Ziele sicherzustellen, wurde die so genannte Zentrale Militärkommission (ZMK) als oberstes Führungsgremium mehrfach reformiert. Die umfassendste Reform wurde im Januar 2016 eingeleitet. Sie war notwendig, weil die nach den Anforderungen vergangener Jahrzehnte organisierte Zentrale Militärkommission nicht mehr den Vorstellungen einer modernen Militärführung entsprach. Außerdem herrschten Korruption und andere negative Erscheinungen. Das erste Ziel der Reform bestand darin, den Aufbau der Kommission zu ändern, um bürokratische Probleme und Korruption zu beseitigen sowie die Organisations- und Führungsabläufe zu beschleunigen. Außerdem sollte

Leichter Panzer Vickers Mk. E Typ B, in den 1930er-Jahren gekauft in England für die Kuomintang-Streitkräfte.

die Personalstärke der Streitkräfte auf ein akzeptables Maß gesenkt werden, um ihre Einsatzbereitschaft und Schlagkraft sicherzustellen, einschließlich ihrer Reserven. Gleichzeitig sollten beschleunigt moderne Waffen und Gerät eingeführt werden.

Nach alter chinesischer Tradition wurde das Pferd am Kopf aufgezäumt. Am 11. Januar 2016 erging der Befehl zur Umgestaltung der höheren Kommandoebenen. Der Generalstab, die Politische Generaldirektion, die Generaldirektion für Logistik und die Generaldirektion für Rüstung wurden in insgesamt 15 neue kleinere Abteilungen mit eigenen Zielen und Aufgaben umgewandelt. Einige dieser Direktionen waren bereits zuvor Teil größerer Direktionen gewesen, während andere neu geschaffen wurden. So schuf die Zentrale Militärkommission, der die VBA verfassungsmäßig unterstellt war und ist, mehrere neue Abteilungen. Dazu gehören der Wissenschafts- und Technologieausschuss, das Büro für strategische Planung, das Reformbüro und das Büro für internationale militärische Zusammenarbeit. Das Rechnungsprüfungsamt der Zentralen Militärkommission ist für die Überwachung der Ausgaben und der technischen Entwicklung zuständig. Der Umbau der Militärverwaltung begann im Jahr 2017. Waren die Streitkräfte – wir sprechen hier in erster Linie vom Heer – bislang in sieben Militärbezirke untergliedert, wurden sie jetzt durch fünf einheitliche und nach geografischen Gesichtspunkten aufgeteilte Kommandobereiche/Militärbezirke ersetzt:

- Militärbezirk Nord mit Hauptquartier in Shenyang. Das Kommando umfasst vier Armeegruppen. Seine Hauptaufgabe ist die Abwehr möglicher militärischer Bedrohungen aus dem Raum Nordkorea, Mongolei, Nordjapan und Russland.
- Militärbezirk West mit Hauptquartier in Chengdu. Er umfasst räumlich den größten Teil des Landes, ist aber vom Festland umschlossen. Zu den Aufgaben des Bezirks gehört die Gewährleistung der Sicherheit in Tibet, Xinjiang und anderen Gebieten. Besonderes Augenmerk richtet China auf den angrenzenden indischen Raum, für den ebenfalls das Westkommando zuständig ist. Es besteht aus drei Armeegruppen und etwa zehn Divisionen.
- Militärbezirk Süd mit Hauptquartier in Guangzhou. Er ist für die Grenzregionen zu Vietnam, Laos und Myanmar (Birma) zuständig und umfasst drei Armeegruppen.
- Militärbezirk Ost mit Hauptquartier in Nanjing. Angesichts des langjährigen Konflikts mit Taiwan/Nationalchina eine der operativ wichtigsten Zonen der VBA. Die Rotchinesen schließen die Möglichkeit einer militärischen Lösung des Konflikts nicht aus. Das Kommando umfasst drei Armeegruppen.
- Militärbezirk Mitte mit Hauptquartier in Peking. Dieser Bezirk schützt die Hauptstadt des Landes und umfasst fünf Armeegruppen, so dass der Zentralbezirk auch als strategische Ressource der Streitkräfte gilt.

Zusätzlich bestehen zwei kleinere Bezirke:

- Militärbezirk Xinjiang und Militärbezirk Tibet.

Jeder Militärbezirk/Kommandobereich umfasst mehrere Heeresbrigaden mit Infanterie-, Panzer- und anderen Verbänden. Außerdem verfügt jeder Bezirk über sechs Unterstützungs-, Artillerie-, Flugabwehr- und Heeresfliegerbrigaden. Dem Militärbezirk Nord unterstehen des Weiteren elf Grenz- und vier Küstenschutzbrigaden.

Wie Xi Jinping, Generalsekretär des Zentralkomitees der KPCh, feststellte, „ist jedes Kommando dafür verantwortlich, den Frieden zu erhalten, Kriege zu verhindern, Schlachten zu gewinnen und auf Sicherheitsbedrohungen aus seinen strategischen Richtungen zu reagieren".

Die chinesische Führung geht davon aus, dass die Einrichtung einheitlicher Kommandos eine rasche Reaktion auf neue Bedrohungen und Herausforderungen ermöglichen wird. Auf diese Weise wird die Kommandohierarchie rationalisiert, da jedes Kommando, das der Zentralen Militärkommission unterstellt ist, in Kriegs- und Friedenszeiten Truppen im eigenen Gebiet frei verlegen und so schneller Einsatzbereitschaft herstellen kann.

Die Militärkommandos wurden so organisiert, dass sie die Kontrolle über ihre geografischen Gebiete ausübten. Jedes Oberkommando ist für mehrere strategische Fronten zuständig und nicht mehrere Oberkommandos für eine einzige strategische Front.

Die gemeinsame Truppenführung wird auch dadurch vereinfacht, dass alle fünf Teilstreitkräfte dem jeweiligen Bereichs-Oberbefehlshaber untergeordnet sind. Dadurch entfällt der umständliche Weg über die Befehlskette, um die erforderlichen Kräfte bei den einzelnen Teilstreitkräften anzufordern. Darüber hinaus hofft man, dass die Gefechtsausbildung effektiver wird, da die Teilstreitkräfte gemeinsam

Sowjetische Panzerkampfwagen T-34/85 im Einsatz bei der VBA.

und koordinierter üben können. Derzeit untergliedert sich die VBA in

- das Heer/Landstreitkräfte,
- die Marine/Seestreitkräfte,
- die Luftwaffe/Luftstreitkräfte,
- die Strategischen Raketentruppen;
- die Strategischen Unterstützungskräfte.

Die chinesische Volksmarine unterteilt sich in Flotten, Marinestützpunkte ist für örtliche Küstenverteidigungszonen zuständig. Sie gliedert sich in die Ost-, Süd- und Nordflotte. Dazu gehören als stationäre Einrichtungen Küstenverteidigungsanlagen sowie Marinestützpunkte, die über eigene Flottillen von Kriegsschiffen/Kampfbooten verfügen. Die Seestreitkräfte unterteilen sich ferner nach Ausrüstung und Aufgabenstellung in Überwasserflotte, U-Boot-Flotte, Marineflieger, Küstenflotte, Marineinfanterie usw..

Fahne der Volksbefreiungsarmee.

Die Luftstreitkräfte untergliedern sich nach Militärbezirken, Armeen, Divisionen, Regimentern und Geschwadern mit Fliegerhorsten. Je nach Aufgaben, Ausrüstung und Bewaffnung unterscheiden sie sich nach Fliegenden Verbänden, Flugabwehr-, Raketen-, Radar- und Luftlandetruppen.

Die Strategischen Raketentruppen verfügen über weitreichende Boden-Boden-Raketensysteme und haben die Aufgabe, strategische Atomschläge gegen China abzuwehren; sie sind direkt der Zentralen Militärkommission unterstellt.

Die Strategischen Unterstützungskräfte bilden den jüngsten Zweig der VBA. Sie sind für die Erprobung, Einführung und Nutzung modernster Weltraumraketen- und Elektroniktechnologien zuständig. Mit Hilfe von Raumfahrzeugen und Elektronik betreiben sie Aufklärung, führen Operationen im Cyberspace durch und begegnen so feindlicher elektronischer Kriegsführung. Soweit bekannt, umfassen die Strategischen Unterstützungskräfte die Direktion für Raumfahrtsysteme und die Direktion für Netzwerksysteme. Erstere ist für den Betrieb der militärischen Raumfahrtzentren und verschiedener Ausrüstungen sowohl in der Erdumlaufbahn als auch am Boden zuständig. Letztere beschäftigt sich mit Cyber- und Elektronischer Kriegführung im Allgemeinen.

Das Heer stellt die größte Teilstreitkraft der VBA dar. Es gliedert sich in eine bewegliche Feldtruppe von über 800.000 Mann und eine lokale (territoriale) Truppe von etwa gleicher Stärke. Hinzu kommt die Heeresreserve mit rund 800.000 Mann. Mit dieser zahlenmäßigen Stärke stehen die chinesischen Landstreitkräfte weltweit an erster Stelle und übertreffen die der Vereinigten Staaten und der Russischen Föderation bei weitem, von anderen Staaten ganz zu schweigen.

Die Feldtruppe untersteht den einzelnen Kommandobereichen und ist im Konfliktfall für die Durchführung von Kampfeinsätzen überall auf dem chinesischen Festland und darüber hinaus zuständig. Die eher stationäre Territorialtruppe untersteht den Provinzkommandos. Sie nimmt als eine Art Heimatschutzkommando vor allem Sicherheits- und Verteidigungsaufgaben in Zusammenarbeit mit den Volksmilizen wahr. Zu den Aufgaben der Territorialtruppe gehört es, schon in Friedenszeiten wichtige Verkehrsverbindungen zu sichern und zu überwachen und diese im Kriegsfall gegen Feindtruppen und/oder Sabotagetrupps zu schützen. Territorialtruppen stützen sich u. a. auf vorhandene Wehranlagen, die in möglichen Hauptstoßrichtungen feindlicher Kräfte vorausschauend angelegt wurden. Mehrere solcher Anlagen bilden eine Verteidigungszone. Des Weiteren obliegt den Territorialtruppen die Aufgaben, zusammen mit der bewaffneten Volkspolizei Grenz- und Küstengebiete sowie wichtige Militäreinrichtungen und militärische Infrastruktur zu überwachen und sichern. Zusammen mit der bewaffneten Volkspolizei können sie zur Aufrechterhaltung der öffentlichen Ordnung und Sicherheit herangezogen werden.

Die Landstreitkräfte der VBA sind im Allgemeinen für die defensive und offensive Verteidigung des Landes ausgelegt. Ihre Verbände müssen in der Lage sein, selbstständig oder in Zusammenarbeit mit anderen Teilstreitkräften wirksame Angriffsoperationen durchzuführen, um feindbesetztes Gebiet wieder in Besitz zu nehmen und mit geballter Feuerkraft in die Tiefe des Raumes vorzustoßen. In der Verteidigung müssen sie die ihnen zugewiesenen Zonen halten und gegnerischen Truppen maximale Verluste zufügen, um so günstige Bedingungen für Gegenoffensiven zu schaffen.

Emblem der Volksbefreiungsarmee.

Wie üblich, untergliedert sich das Heer in verschiedene Waffengattungen wie motorisierte leichte oder schwere Infanterie (Panzergrenadiere)*, Panzer, Artillerie, Pioniere, Fernmeldetruppe, ABC-Abwehrtruppe usw..

Die taktisch-operative Gliederung erfolgt nach Armeen, Divisionen, Brigaden, Regimentern, Bataillonen/Abteilungen, Kompanien, Zügen und Gruppen. Die VBA befindet sich seit etwa Mitte der 2010er-Jahre im Übergang zur so genannten modularen Truppenstruktur, deren Grundlage die Brigade ist. Nach Ansicht der VBA-Führung ermöglicht es die Brigade am besten, Waffengattungs-übergreifende Gruppierungen in verschiedenen Konfigurationen entsprechend den spezifischen Kampfaufträgen zu schaffen. Chinesische Militärexperten sind auf der Grundlage von Analysen der Erfahrungen der Vereinigten Staaten und von NATO-Ländern zum Schluss gekommen, dass die Brigadeebene die optimale Struktur und

** Der deutsche Begriff Panzergrenadiere unterscheidet nicht zwischen deren Ausrüstung mit Ketten- oder Radschützenpanzern. Andernorts bezeichnet man Infanterie auf Ketteschützenpanzern hingegen als mechanisierte (schwere) Infanterie und solche auf Radschützenpanzern oder MTW als motorisierte Schützen. Im Deutschen bezeichnet man auf leichten, nur schwach bewaffneten oder unbewaffneten oder ungepanzerten Fahrzeugen (Lkw) beweglich gemachte Infanterie als Jäger. In anderen Armeen firmieren Jäger unter Leichte Infanterie, die oft als Elite gilt.*

Soldaten einer Ehrengarde der VBA-Garnision Nanjing präsentieren das Gewehr,

die erforderlichen Fähigkeiten für die bewegliche Kriegführung und das Gefecht der verbundenen Waffen besitzt. Die Brigade verfügt über ausreichend Feuerkraft aller Arten von Waffen, um in Konflikten unterschiedlicher Intensität das gesamte Spektrum anfallender Kampfaufgaben zu meistern. Darüber hinaus ist sie flexibel genug, sich den verschiedensten Kampf-, Gelände- und Klimabedingungen anzupassen. Für Konflikte geringer Intensität, wie etwa der so genannten asymmetrischen Kriegführung gegen Guerillaverbände, eignen sich leichte Brigaden, die sich auf den Kampf im Dschungel oder in bergigem und bewaldetem Gelände spezialisiert haben, nicht nur nach Auffassung der chinesischen Militärführung am besten. Bei Konflikten mittlerer und hoher Intensität treten in Angriff und Verteidigung schwere Brigaden an ihre Stelle.

Bei der Umstellung auf die Brigadegliederung wurde besonderer Wert auf die Verbesserung der Beweglichkeit und Führungsfähigkeit der Verbände gelegt. Unter Beweglichkeit ist in diesem Zusammenhang nicht nur die taktische Beweglichkeit auf dem Gefechtsfeld zu verstehen, sondern auch die Fähigkeit zur schnellen Verlegung von Truppen über große Entfernungen.

Neben der Erhöhung der Beweglichkeit hat sich die VBA-Führung die Aufgabe gestellt, die Zahl der kampfbereiten und schlagkräftigen Verbände innerhalb der Bodentruppen deutlich zu erhöhen. Nach Ansicht chinesischer Militärexperten wird dies die Effektivität im Gefecht der verbundenen Waffen erheblich verbessern.

Mit Stand Ende April 2017 verfügten die VBA-Landstreitkräfte über 13 Armeegruppen:

1. 71. Armeegruppe (Hauptquartier in Xuzhou),
2. 72. Armeegruppe (Hauptquartier in Huzhou),
3. 73. Armeegruppe (Hauptquartier in Xiamen),
4. 74. Armeegruppe (Hauptquartier in Hoizhou),
5. 75. Armeegruppe (Hauptquartier in Kunming),
6. 76. Panzerarmeegruppe (Hauptquartier in Sinin),
7. 77. Armeegruppe (Hauptquartier in Chongqing),
8. 78. Armeegruppe (Hauptquartier in Harbin),
9. 79. Armeegruppe (Hauptquartier in Shenyang),
10. 80. Armeegruppe (Hauptquartier in Weifang),
11. 81. Armeegruppe (Hauptquartier in Shijiazhuang),
12. 82. Armeegruppe (Hauptquartier in Baoding),
13. 83. Armeegruppe (Hauptquartier in Henan).

Jede Armeegruppe verfügt über sechs „Allzweck"-Brigaden und sechs so genannte Spezialbrigaden.

Bei den Spezialbrigaden handelt es sich um Unterstützungstruppen wie Artillerie, Flugabwehr, Heeresflieger, Instandsetzung usw. Ihre Nummern entsprechen den Armeen, zu denen sie gehören (71. bis 83.). Zwei der 13 Armeen verfügen über eine Luftlandebrigade anstelle einer Heeresfliegerbrigade.

Auch die Militärbezirke 84 Xinjiang und 85 Tibet verfügen über je sechs ähnliche Spezialbrigaden, die den Militärbezirk West „ergänzen". Ansonsten wurden dem Militärbezirk Tibet nur drei statt sechs Allzweckbrigaden zugeteilt. Dem Militärbezirk Xinjiang sind anstelle von Allzweckbrigaden vier motorisierte Infanteriedivisionen (darunter zwei Gebirgsdivisionen) aus der Zeit vor der Reform erhalten geblieben, die kürzlich in Allzweckdivisionen umgewandelt wurden.

Die der Marine unterstellte Marineinfanterie und die organisatorisch zur Luftwaffe gehörenden Luftlandetruppen weisen in etwa dieselbe Stärke und Gliederung auf. Es handelt sich um jeweils sechs Brigaden plus Unterstützungs- und Sondertruppenteile.

Insgesamt umfassen die VBA-Bodentruppen also vier Heeresdivisionen, 82 Heeresbrigaden (die 82. Armee des Zentralkommandos hat sieben statt sechs

Chinesische Truppen bei einer Parade in Moskau 2020. (Foto:kremlin.ru)

Brigaden), je sechs Luftlande- und Marineinfanterie-Brigaden, zwei Luftlande-Sturmbrigaden, 17 Unterstützungsbrigaden sowie weitere 15 Brigaden mit Heeresfliegern, Artillerie, Luftabwehr- und Instandsetzungseinheiten.

Hinzu kommen zwei Raketenwerferbrigaden hoher Reichweite, je sieben Brigaden für Aufklärung und elektronische Kampfführung, 39 Grenzbrigaden, zehn Küstenverteidigungs-Brigaden sowie drei Pekinger Garnisonsdivisionen (einschließlich einer Artilleriedivision). Es gibt auch eine Heeresreserve, die personell insgesamt stärker ist als die aktiven Verbände, ihnen bezüglich Ausrüstung und Ausbildung aber nachsteht.

Was die so genannten Allzweckbrigaden anbelangt, wollte man zunächst identische Verbände schaffen. Dann entschloss man sich aber mit Blick auf andere Streitkräfte, u. a. die US-amerikanischen, zu einer Unterteilung in schwere, mittlere und leichte Brigaden. Theoretisch sollte jede Armeegruppe je zwei davon erhalten. Dies ließ sich in der Praxis jedoch nicht umsetzen bzw. erwies sich kommunistische Gleichmacherei als unzweckmäßig. Und so erhielten die Armeegruppen eine unterschiedliche Zahl an leichten, mittleren und schweren Brigaden. Hinzu kamen amphibische Brigaden (d.h. die Landstreitkräfte verfügen tatsächlich über eigene Marineinfanterie) und Gebirgsbrigaden.

Schwere Brigaden sind mit Kettenfahrzeugen wie Kampfpanzern, Schützenpanzern und selbstfahrender Artillerie ausgestattet. Mittlere Brigaden (chinesische Version der amerikanischen Stryker-Brigaden) verfügen über gepanzerte Radfahrzeuge (Radschützenpanzer/Mannschaftstransportwagen (MTW), Radpanzerhaubitzen und weitere beräderte Waffenträger, gezogene Geschütze sowie ungepanzerte Transport- und Zugfahrzeuge. Derzeit gibt es 29 schwere, 17 mittlere, 6 amphibische, 20 leichte und 5 Gebirgsbrigaden (die als leichte Brigaden gelten) in den 13 Armeen der fünf Militärbezirke plus Militärbezirk Tibet.

Weitere fünf Brigaden lassen sich mit Einschränkung als „mittelschwer" bezeichnen. Sie werden zwar offiziell als solche eingestuft, sind aber mit veralteten Kettenfahrzeugen ausgestattet (Kampfpanzer Typ 59, Schützenpanzer Typ 63 und Typ 89). Es liegt auf der Hand, dass diese Ausrüstung in absehbarer Zeit durch neue ersetzt wird, aber es ist nicht ganz

Bei groß angelegten Manövern lässt die VBA massenweise Panzer rollen.

Mannschaften und Ausrüstung des chinesischen Heeres anlässlich des Manövers „Osten 2018". (Foto: Mil.ru)

klar, ob es sich dabei um Ketten- oder Radfahrzeuge handeln wird, d. h. ob es sich dann um „echte" schwere oder mittlere Brigaden handelt.

Jede Brigade umfasst ein Brigadekommando, vier Bataillone, ein Aufklärungsbataillon, ein Artilleriebataillon (Division), ein Flugabwehrbataillon (Division) und zwei Unterstützungs- und Versorgungsbataillone.

Zum Unterstützungsbataillon gehören eine Fernmeldekompanie, eine ABC-Abwehrkompanie, eine Pionierkompanie sowie eine Kompanie für Elektronische Kampfführung. Das Versorgungsbataillon gliedert sich in eine Instandsetzungs-, eine Berge-, eine Transport- und eine Sanitätskompanie. Das Aufklärungsbataillon ist auf Schützenpanzern bzw. MTW beweglich gemacht und verfügt u. a. über Aufklärungsdrohnen.

Das so genannte Bataillon für kombinierte Waffen besteht aus einer Artilleriebatterie und einer Unterstützungskompanie. Ansonsten hängt die Zusammensetzung eines Bataillons für kombinierte Waffen von der Art der Brigade ab, zu der es gehört.

Das schwere Bataillon gliedert sich in zwei Panzerkompanien (mit Kampfpanzern Typ 96/96A oder 99/99A). Jede Kompanie hat drei Züge mit jeweils vier Panzern, zusätzlich zu den Panzern des Kompaniechefs und seines Stellvertreters (zusammen 14 Kpz). Insgesamt verfügt ein schweres Panzerbataillon also über 28 und eine schwere Panzerbrigade über 112 Kampfpanzer.

Ein mittleres Bataillon verfügt über eine Jagdpanzer- oder Panzerjägerkompanie (Radpanzer PTL-02 oder ZTL-11), allerdings nur eine (mit ebenfalls 14 Fahrzeugen). Dementsprechend gibt es 56 Jagdpanzer in einer mittleren Brigade.

Das leichte Bataillon verfügt über eine Kompanie von Fahrzeugen mit schweren Waffen (PCL-171 oder rückstoßfreies Geschütz auf Radfahrgestell).

Zusätzlich zu den beiden Panzerkompanien verfügt ein schweres Bataillon über zwei oder drei Kompanien mot.-Schützen (Panzergrenadiere) auf Kettenschützenpanzern /z. B. Typ 86/86A oder 04/04A). Die Anzahl der Kettenschützenpanzer in einer Kompanie beträgt entweder 10 (drei Züge mit je drei Fahrzeugen und ein Kommandantenfahrzeug) oder 14 (wie in einer Panzerkompanie). Dementsprechend kann die Anzahl der Kettenschützenpanzer in einem Bataillon zwischen 20 und 42 und in einer Brigade zwischen 80 und 168 liegen.

Ein durchschnittliches, mit Radschützenpanzern ausgerüstetes mot.-Schützenbataillon besteht aus drei Kompanien zu je 10 oder 14 Radschützenpanzern ZSL-92 oder ZBL-08, d. h. eine durchschnittliche Schützenbrigade verfügt über 120 bis 168 solcher Fahrzeuge. Ein leichtes Bataillon besteht aus drei motorisierten Kompanien mit 10 bis 14 leichten MTW (oder eventuell stärker gepanzerten Fahrzeugen).

Jede Division im Distrikt Xinjiang verfügt über drei Regimenter (schwer, mittelschwer und leicht) sowie Artillerie- und Flugabwehrregimenter. Vermutlich unterscheidet sich ein chinesisches Regiment von einer Brigade hauptsächlich dadurch, dass es drei statt vier Bataillone besitzt und das Bataillon nur drei statt vier Kompanien.

Luftlandebrigaden umfassen vier Luftlandebataillone, je zwei Unterstützungsbataillone, ein Aufklärungsbataillon und ein Artilleriebataillon. Diese Brigaden können in Bezug auf die Bewaffnung als "Zwischenstufe" zwischen leichten und mittleren Brigaden angesehen werden.

Wie bereits erwähnt, verfügen sowohl die rotchinesische Marine als auch das Heer über je sechs Marineinfanterie-Brigaden. Die Aufgabe der Marineinfanterie der Seestreitkräfte besteht vor allem in der Errichtung von Brückenköpfen und Landezonen an gegnerischen Küsten; während die Heeres-Marineinfanterie (amphibische Brigaden) diese halten und ausbauen soll. Die beiden Marineinfanterien weisen also sowohl strukturelle Gemeinsamkeiten als auch Unterschiede auf und umfassen Artillerie-, Flugabwehr-, Aufklärungs- sowie weitere Unterstützungsbataillone. Das Flugabwehrbataillon der Marineinfanterie-Brigade der Seestreitkräfte verfügt nur über tragbare Flugabwehrraketensysteme und das Artilleriebataillon zwar über selbstfahrende Rohrartilllerie, aber keine Mehrfachraketenwerfer. Die entsprechenden Bataillone der amphibischen Heeresbrigaden führen sowohl schwerere Luftabwehrraketen als auch Mehrfachraketenwerfer im Bestand.

Jede amphibische Heeresbrigade setzt sich aus vier Heeres-Marineinfanterie-Bataillonen zu je drei Kompanien (je 14 amphibische Kettenschützenpanzer ZBD-05), einer Sturmkompanie mit 14 Schwimmpanzern ZTD-05 und einer Batterie 120-mm-Panzermörsern (sechs bis neun Fahrzeuge) zusammen. Insgesamt verfügt die Brigade also über 168 ZBD-05 und 56 ZTD-05.

In der Marineinfanterie-Brigade der Seestreitkräfte unterscheiden sich die Bataillone nach Sturm-, schweren, mittleren und leichten Verbänden. Das schwere Bataillon ähnelt dem amphibischen Bataillon der Heeres-Marineinfanterie. Das mittlere und das leichte Bataillon entsprechen dem mittleren (mit MTW ZBL-08) bzw. dem leichten Bataillon von Heeresbrigaden. Allerdings verfügen zumindest einige Marineinfanterie-Brigaden der Marine über jeweils zwei schwere Bataillone, wobei das dritte ein mittleres oder leichtes Bataillon ist.

Es herrscht keine vollständige Klarheit über das Sturmbataillon. Einem Bericht zufolge handelt es sich um ein luftverlastbares oder Fallschirmbataillon, das allenfalls über leichtes Gerät verfügt. Nach anderer Quelle umfasst es 32 bis 42 ZTD-05 oder nicht schwimmfähige leichte Panzer Typ 15.

Im Jahr 2023 verfügte das Heer der chinesischen Volksbefreiungsarmee über 440 Angriffs- und Aufklärungshubschrauber, über 750 Luftabwehrraketensysteme, 4800 Kampfpanzer, 3000 Radschützenpanzer, 8450 Kettenschützenpanzer (einschließlich ZBD-05), 3900 gepanzerte Mannschaftstransporter, über 1300 Mehrfachraketenwerfer Kaliber 122, 300 und 370 mm, mehr als 1100 selbstfahrende Panzerabwehrlenkwaffen, an die 3200 Panzerhaubitzen der Kaliber 122, 152 und 155 mm, eine große Anzahl von selbstfahrenden Mörsern, über 2000 gezogene Geschütze Kaliber 100, 122, 130 und 152 mm, über mehrere Tausend gezogene Flugabwehrgeschütze und tragbare Flugabwehrsysteme (Fliegerfäuste). Mehrere Tausend weiterer und veralteter Waffen und Kampffahrzeuge wurden aus den aktiven Verbänden zur Lagerung abgezogen. Für die Zukunft sind mindestens 7000 Kampf- und Jagdpanzer, mehr als 10.000 Ketten- und Radschützenpanzer, mindestens 3000 Drohnen und die gleiche Anzahl von Mehrfachraketenwerfern als Neuausrüstung des Heeres vorgesehen.

Dieser Band befasst sich mit den Kampfpanzern und gepanzerten Fahrzeugen, während sich weitere Werke der Infanterie-, Artillerie- und Flugabwehrbewaffnung der chinesischen Volksbefreiungsarmee widmen werden.

Entwicklung und Aufbau der chinesischen Panzerwaffe

Das chinesische Militär erkannte relativ früh die Rolle und Bedeutung von Panzerkampfwagen und gepanzerten Fahrzeugen in den Kriegen des 20. Jahrhunderts. Um die 1932 begonnene Invasion japanischer Truppen abzuwehren, beschaffte die Republik China im Ausland gepanzerte Kampffahrzeuge. Bis 1938 hatte die chinesische Regierung folgende Typen erworben:

- aus Großbritannien 20 leichte Kampfpanzer Vickers Mk. E und F und 33 Tanketten Vickers Carden-Loyd;
- aus Frankreich 10 leichte Kampfpanzer Renault ZB (Entwicklungsmodell);
- aus Deutschland 10 Pz.Kpfw. I Ausf. A, 18 Panzerspähwagen Sd.Kfz. 221 und 12 Sd.Kfz. 222;
- aus Italien 20 Tanketten CV 33 und
- aus der UdSSR 87 leichte Kampfpanzer T-26.

Nach Ausbruch des 2. Weltkriegs erhielt die Nationalrevolutionäre Armee (NRA) der Republik China unter der Führung von General Tshiang Kai-schek im Rahmen eines Leihvertrags von den USA weitere 129 gepanzerte Fahrzeuge M3A1 „Scout Car", einige leichte Kampfpanzer M3A1 „Stuart" und mittlere des Typs M4A4 „Sherman". Im Gegenzug übergab die UdSSR der kommunistischen Volksbefreiungsarmee Chinas (VBA), dem Gegner der NRA, alle gepanzerten Fahrzeuge und Rüstungsgüter der japanischen Kwantung-Armee, die 1945 von der Roten Armee besiegt worden war. Dies trug nicht unwesentlich zur Machtübernahme der Kommunisten in China und zur Ausrufung der Volksrepublik China im Jahr 1949 bei. Zur Ausrüstung der Streitkräfte der VR China lieferte die UdSSR etwa 1800 mittlere Panzerkampfwagen T-34. Die chinesischen Panzer-

Die schweren Brigaden der VBA sind mit dem neuesten Kampfpanzer Typ 99 ausgestattet.

Führungs- und Stabsfahrzeug auf Fahrgestell des gepanzerten MTW Typ 89.

besatzungen waren von diesen Fahrzeugen wegen ihrer Robustheit, Geländegängigkeit, Feuerkraft und Wartungsfreundlichkeit sehr angetan. Aufgrund dessen erwog die chinesische Regierung sogar, den T-34 in China unter der Bezeichnung Typ 58 selbst zu produzieren, aber die UdSSR bot mit ihrem neuesten Kampfpanzer T-54A eine bessere Option an. Zusammen mit der Lizenz zur Herstellung des T-54A übergab die UdSSR der VR China alle erforderlichen technischen Unterlagen und unterstützte den Bau der ersten chinesischen Panzerfabrik Nr. 617 im Bezirk Baotou in der Provinz Innere Mongolei.

Außer dem Werk 617 waren 156 weitere Industriebetriebe der VR China an der Fertigung des T-54A beteiligt, unterstützt von sowjetischen Fachleuten, die organisatorische Hilfestellung leisteten. Die Vorgabe der kommunistischen Partei sah einen Ausstoß von 2000 Panzern pro Jahr vor. Als Ergebnis dieser Bemühungen verließen die ersten in China gebauten Fahrzeuge bereits 1957 die Werkshallen. 1960 erhielten sie die offizielle chinesische Bezeichnung Typ 59. Die kampfwertgesteigerte Ausführung der 1990er-Jahre erhielt den Namen ZTZ-59 (Werksbezeichnung WZ-120), wobei ZTZ für *ZhuangJia Tanke ZhuZhan* steht, was so viel wie Panzerkampfwagen oder Kampfpanzer bedeutet.

Erstgenanntes Fahrzeug war praktisch ein 1:1-Nachbau des sowjetischen T-54A. Anfang der 1960er-Jahre wurde der Typ 59 von der verbesserten Ausführung Typ 59-1 abgelöst, die im Wesentlichen wiederum dem sowjetischen T-54B entsprach.

In den vergangenen Jahrzehnten haben die chinesischen Panzerbauer beeindruckende Fortschritte erzielt. Sie haben es geschafft, den Weg vom Nachbau ausländischer Typen zur Entwicklung eigener Panzerfahrzeuge zu gehen, was bei der Größe und Leistungsfähigkeit der Industrie des bevölkerungsreichsten Landes der Erde kaum verwundern kann. Ebenso der Umstand, dass die meisten chinesischen Panzerprojekte fast ausschließlich auf der Weiterentwicklung von Vorgängermodellen beruhen – letztlich führt der chinesische Panzerstammbaum in gerader Linie auf den Typ 59 und damit auf den sowjetischen T-54 zurück. Daraus lassen sich mehrere Schlüsse ziehen, sowohl was das Modernisierungspotenzial des T-54 als auch die „Zurückhaltung" der chinesischen Konstrukteure bei der Entwicklung eigener neuer Ausrüstung angeht. Offenbar beruhte deren Schöpferkraft lange Jahre hauptsächlich auf dem Prinzip der Modernisierung von Ausrüstung und Bewaffnung. Spürbare Veränderungen in sämtlichen Konstruktionsmerkmalen traten erst bei der Entwicklung der jüngsten chinesischen Panzertypen zutage – wobei man auch hier meist nicht lange nach ausländischen Vorbildern suchen muss. China war und ist nun einmal Weltmeister im Kopieren, was längst nicht nur für Waffentechnik gilt, und verteidigt diesen Ruf aus Sicht vieler Länder hartnäckig. Nach offizieller Lesart bemühen sich chinesische Panzerkonstrukteure aktiv um die Beherrschung neuer Technologien und übernehmen die erfolgreichsten technischen Lösungen ausländischer Panzerfahrzeuge. Nach dem pragmatischen Motto „Besser gut kopiert als schlecht konstruiert" braucht das Rad nicht neu erfunden zu werden und es ist sicher effektiver, bewährte Lösungen zu übernehmen, als langwierig an eigenen herumzudoktern. Grundsätzlich hinkt der chinesische Panzerbau im technischen Sinn und unter dem Gesichtspunkt der Innovation immer noch deutlich hinter den führenden Panzerbauern weltweit – Russland, USA, Deutschland, Frankreich, Großbritannien – hinterher. Der neueste und beste chinesische Panzer Typ 99 (ZTZ-99) kann als Beispiel dienen. Dieses Kampffahrzeug entspricht in seiner äußeren Gestaltung modernen ausländischen Konstruktionen. Einigen Experten zufolge können aber selbst die jüngsten kampfwertgesteigerten Modifikationen des Typ 99 längst noch nicht in der Oberliga des Panzerbaus mitspielen. Es gibt einige Gründe für die Annahme, dass der Typ 99 in weiten Teilen lediglich dem Stand ausländischer Fahrzeuge von Ende der 1980er-Jahre entspricht.

Im Rückblick lässt sich die Kampfpanzer-Entwicklung der VR China nach drei Generationen unterteilen. Zur ersten Generation gehören die mittleren Panzer ZTZ-59 (Typ 59) mit rund 1600 gebauten Exemplaren; ZTZ-59-2 (Typ 59-2) mit 650 Stück; ZTZ-59D (Typ 59R oder Typ 59D) mit 600 Stück. Diese Kampffahrzeuge wurden auf der Grundlage der sowjetischen Panzer T-54 und T-55 entwickelt und von 1958 bis 1978 in Serie gefertigt.

Im Zeitraum 1984 bis 2008 wurden die meisten Kampfpanzer der ersten Generation modernisiert. Im Zuge dieser Kampfwertsteigerungen erhielten die Fahrzeuge neue Bewaffnung, verstärkte Panzerung sowie leistungsfähigere und zuverlässigere Motoren und Getriebe. Ab der ersten Generationen bestanden die chinesischen Kampfpanzerbesatzungen, wie beim sowjetischen T-54, aus nur noch vier Mann. Das Kampfgewicht der modernisierten Fahrzeuge lag zwischen 35 und 36 Tonnen. Der ZTZ-59 war mit einer 105-mm-Glattrohrkanone ausgestattet, während andere Modifikationen ein gezogenes 105-mm-Geschütz erhielten. Die Panzerung bestand bei allen Fahrzeugen aus homogenem Stahl. Nur der ZTZ-59D konnte mit einem reaktiven Schutz und einer rechnergestützten Feuerleitanlage punkten.

Seit 2018 ist die nächste Phase der Modernisierung der Panzer der ersten Generation im Gange. Sie umfasst einen reaktiven Schutz der dritten Generation (D3), eine fortschrittliche Feuerleitanlage (AFS) und einen 840 PS leistenden Dieselmotor. Die Gesamtzahl der Panzer der ersten Generation ging bei den Streitkräften von Jahr zu Jahr zurück und lag 2018 bei 2850, was 41,7 Prozent der Gesamtzahl entspricht.

Zu den Kampfpanzern der zweiten Generation: Es handelt sich um die von 1978 bis 1988 in Serie produzierten Modelle ZTZ-79 (Typ 79) mit 200 Stück sowie ZTZ-88A (Typ 88A) und ZTZ-88 (Typ 88B) mit zusammen 300 Stück. Kennzeichnend für die Modifikation des ZTZ-88A(B) waren die Laufrollen mit kleinerem Durchmesser als bei den auf sowjetischer Technologie basierenden Vorgängermodellen. Die Gesamtzahl der Kampfpanzer der zweiten Generation in den Streitkräften belief sich 2018 auf 500 Einheiten, was 7,3 Prozent der Gesamtzahl ent-

STÄRKEN DER CHINESISCHEN PANZERWAFFE 1997 BIS 2018				
Anzahl der mittleren und Kampfpanzer der VBA 1997–2018 (Anteil in Prozent)				
Jahr	**Erste Generation:**	**Zweite Generation:**	**Dritte Generation:**	**Gesamtzahl:**
	ZTZ-59;	ZTZ-79;	ZTZ-98A;	
	ZTZ-59-2;	ZTZ-88A;	ZTZ-96;	
	ZTZ-59D	ZTZ-88B	ZTZ-96A;	
			ZTZ-99;	
			ZTZ-99A;	
			ZTQ-15	
1997	6200 (79,5)	1600 (20,5)	-	7800
2002	5000 (71,3)	1500 (21,4)	510 (7,3)	7010
2007	5000 (66,0)	1300 (17,1)	1280 (16,9)	7580
2012	4600 (59,7)	800 (10,4)	2300 (29,9)	7700
2018	2850 (41,7)	500 (7,3)	3490 (51)	6840

spricht. Die Panzer der zweiten Generation wurden in Kleinserien hergestellt. Sie sind derzeit bei Panzerverbänden im Norden Chinas konzentriert.

Zu den Kampfpanzern der dritten Generation gehören die Modelle ZTZ-98A (Typ 98A) mit lediglich 40 Stück; ZTZ-96 (Typ 96) mit 1000 Stück; ZTZ-96A (Typ 96A) mit 1500 Stück; ZTZ-99 (Typ 99) mit 600 Stück; ZTZ-99A (Typ 99A) mit 250 Stück und der mittlere ZTQ-15 (VT5) mit etwa 100 Stück. Die Gesamtzahl der Fahrzeuge der dritten Generation in der Armee beträgt 3490, das sind 51 Prozent der gesamten rotchinesischen Panzerflotte. Den fortschrittlichsten Vertreter der dritten Generation stellt der ZTZ-99A dar, der in relativ geringen Stückzahlen produziert wurde und sich derzeit in den so genannten strategischen Reserveeinheiten befindet.

Nicht verschwiegen sei, dass der staatliche Rüstungskonzern Norinco *(China North Industries Corporation*, offizielle englische Bezeichnung; im Chinesischen heißt er schlicht „Nord-Industrie") seit Anfang der 1990er-Jahre im Rahmen des Projekts 9289 einen neuen Kampfpanzer der vierten Generation entwickelt. Optimisten gehen davon aus, dass er, einmal in Serie gebaut, hinsichtlich seiner Gefechtseigenschaften zu den weltweit modernsten Kampfpanzern zählen wird. Im Jahr 1999 wurde die Entwicklung auf Wunsch des Militärs „angepasst". Das neue Programm mit der Bezeichnung Projekt 9958 enthielt viele Elemente des ursprünglichen Projekts 9289, unterschied sich aber in einer Reihe von Auslegungen und technischen Lösungen. Der in der Entwicklung befindliche schwere Kampfpanzer trug die Bezeichnung CSU-152 (was absolut nichts mit einer gewissen bayrischen Splitterpartei zu tun hat). Das Entwicklungsprogramm wurde aus verschiedenen Gründen mehrmals unterbrochen, doch wurde nun beschlossen, die Arbeiten fortzusetzen.

Wie obige Tabelle zeigt, lag das rotchinesische Militär 2018 weltweit an erster Stelle, was die schiere Zahl an Kampfpanzern angeht. Die Aufrechterhaltung der Einsatzstärke einer so großen Anzahl von Panzern ist jedoch zu einem Problem für die VBA geworden. Daher beschloss die VBA-Führung eine Reform der Panzerflotte mit neuem Konzept:

- Allgemeine Verringerung der Gesamtzahl der Fahrzeuge;
- dabei schrittweise Verringerung der Zahl der Panzer der ersten und zweiten Generation, die nach Ansicht westlicher Experten dazu führen könnte, dass sie in 12 bis 15 Jahren vollständig abgelöst sein werden;
- Erhöhung der Anzahl der Fahrzeuge der dritten Generation und Beginn der Serienproduktion von mittleren und schweren Kampfpanzern der dritten Generation;
- Nutzung umfangreicher Exporte, um Mittel für die weitere Reform der Panzerflotte zu generieren.

Die Umsetzung dieses Konzepts in der VBA zwischen 2007 und 2018 führte zu folgenden Veränderungen in der Kampfpanzerflotte: Die Anzahl der Fahrzeuge der ersten Generation ging um 2750 (55 %) zurück, die der zweiten Generation sank um

800 (61 %) und die der dritten Generation stieg um 2210 (um den Faktor 1,72), wobei anzumerken ist, dass die Gesamtzahl der Panzer in der Flotte in den letzten zehn Jahren nur geringfügig um 740 oder 9,8 % sank.

Die wichtigsten Verbandsgliederungen der VBA-Panzertruppe sind die Division und die Brigade. Die klassische chinesische Panzerdivision weist eine Stärke von 9000–10.000 Mann auf. Sie besteht aus drei Panzerregimentern mit jeweils drei Panzerbataillonen, einem motorisierten Schützenbataillon und einer Abteilung selbstfahrender Artillerie, einem motorisierten Schützenrregiment mit drei Bataillonen mit Regimentsartillerie und Luftabwehr, einem Artillerieregiment mit gezogenen 130-mm-Geschützen, Panzerhaubitzen 122 mm und 152 mm, sowie Luftabwehr-, Unterstützungs- und Wartungseinheiten. Die Brigadestruktur fand erst in den späten 1990er-Jahren Eingang in die VBA als Folge einer Verkleinerung der Streitkräfte und des Wunsches nach erhöhter operativer Flexibilität. Bis zum Jahr 2000 war etwa ein Drittel aller Divisionen auf Brigadegröße mit je einem Panzerbataillon, vier motorisierten Schützenbataillonen, Rohr- und Raketenartillerie-Abteilungen, einer Flugabwehrabteilung sowie Versorgungs- und Wartungseinheiten reduziert worden.

Nachfolgend die Vorstellung der Kampfpanzertypen einschließlich leichter Kampfpanzer und Schwimmpanzer, denen in weiteren Abschnitten gepanzerte Mannschaftstransportwagen und Schützenpanzer folgen.

Obwohl sie prinzipiell zu den Panzerfahrzeugen zählen, werden Panzerhaubitzen und Panzermörser im Rahmen der chinesischen Artilleriewaffen in einem weiteren Band vorgestellt.

Panzer ZBD-04A bei einer Ausstellung. (Foto: CC BY-SA 4.0

KAMPFPANZER

Kampfpanzer Typ 59 (ZTZ-59)

Der mittlere Typ 59 war der erste in der VR China gebaute Kampfpanzer überhaupt. Er stellt einen Nachbau des sowjetischen mittleren T-54A dar; die Serienproduktion begann 1957 in der Baotou-Panzerfabrik Nr. 617. Sowjetische Spezialisten waren aktiv am Bau dieser Fabrik und an der Umsetzung der Serienfertigung beteiligt. Die Produktion des Musters lief bis 1987. Im Laufe von 30 Jahren entstanden über 10.000 Typ 59 in sieben Ausführungen. Der Typ 59 stellte im 20. Jahrhundert das Hauptkampffahrzeug der VBA-Panzerverbände dar. 2002 zählte die VBA noch etwa 5000 Fahrzeuge der neueren Abarten Typ 59-I und Typ 59-II im Bestand. Auch die Streitkräfte von Albanien, Bangladesch, Pakistan, Nordkorea, Vietnam, Tansania, Simbabwe und des Kongo beschafften eine beträchtliche Anzahl dieser Panzer. Das erste Serienmodell Typ 59 war praktisch identisch mit dem sowjetischen T-54A. Der Fahrer befindet sich im vorderen Teil der geschweißten Panzerwanne, der Kampfraum mit Kommandant, Lade- und Richtschütze im mittleren Teil (Turm) und der Motor- und Getrieberaum im Heck. Die Hauptbewaffnung besteht aus der sowjetischen 100-mm-Zugrohrkanone D-10T, ein lizensierter Nachbau in der VR China. Die Kanone ist in einem halbkugelförmigen Gussturm montiert. Ein 7,62-mm-Maschinengewehr Typ 59T (sowjetisches Gorjunow-Panzer-MG SGMT) ist mit der Kanone gepaart, ein weiteres Maschinengewehr desselben Typs ist starr in der vorderen Bugplatte eingebaut, und ein 12,7-mm-Fliegerabwehr-Maschinengewehr Typ 54 (sowjetisches DSchKM) ist über der Ladeschützenluke montiert. Im Motor- und Getrieberaum ist ein V-förmiger flüssigkeitsgekühlter Zwölfzylinder-Dieselmotor des Typ 12150L verbaut; eine Kopie des sowjetischen W-54. Die maximale Leistung beträgt 520 PS.

Anfang der 1960er-Jahre wurde der Typ 59 in der Produktion vom verbesserten Typ 59-1 abgelöst, der in etwa dem sowjetischen T-54B entspricht. Die Kanone erhielt einen Rauchabsauger, der nach dem Schuss die lästigen Pulvergase aus dem Rohr saugt. Außerdem erhielt der Typ 59-1 wie der T-54B eine zweiachsig stabilisierte Waffenanlage zum Schießen aus der Bewegung. Zur Munitionspalette zählt ein panzerbrechendes Unterkalibergeschoss, das eine 150 mm dicke Panzerung bei Auftreffwinkel 65° auf 2400 m durchschlägt. Der

Schnitt-Darstellung Kampfpanzer Typ 59.

Panzer ist mit einem aktiven Nachtsichtgerät ausgestattet. Anfang der 1980er-Jahre wurde die Feuerleitanlage um einen Laser–entfernungsmesser aus chinesischer Produktion ergänzt. Alle Panzer Typ 59-1 wurden schrittweise auf Standard Typ 59-I1 kampfwertgesteigert. Die Ausführung Typ 59-11 ist mit Reaktivpanzerung sowie der israelischen 105-mm-Kanone L7/V68 mit gezogenem Rohr ausgestattet, die alle Standard-105-mm-Panzermunition

Technische Angaben Kampfpanzer Typ 59	
Besatzung, Personen	4
Gefechtsgewicht, t	36
Abmessungen, mm:	
Wannenlänge	6040
Länge Kanone 12 Uhr	9000
Breite	3270
Höhe	2590
Bewaffnung (Kaliber), mm:	
Kanone	100
Maschinengewehr	2 x 7,62; 1 x 12,7
Kampfbeladung, Schuss:	
Kanone	34
Maschinengewehr	3500 x 7,62 mm; 200 x 12,7 mm
Motorleistung, PS	520
Höchstgeschwindigkeit, km/h	50
Fahrbereich, km	430

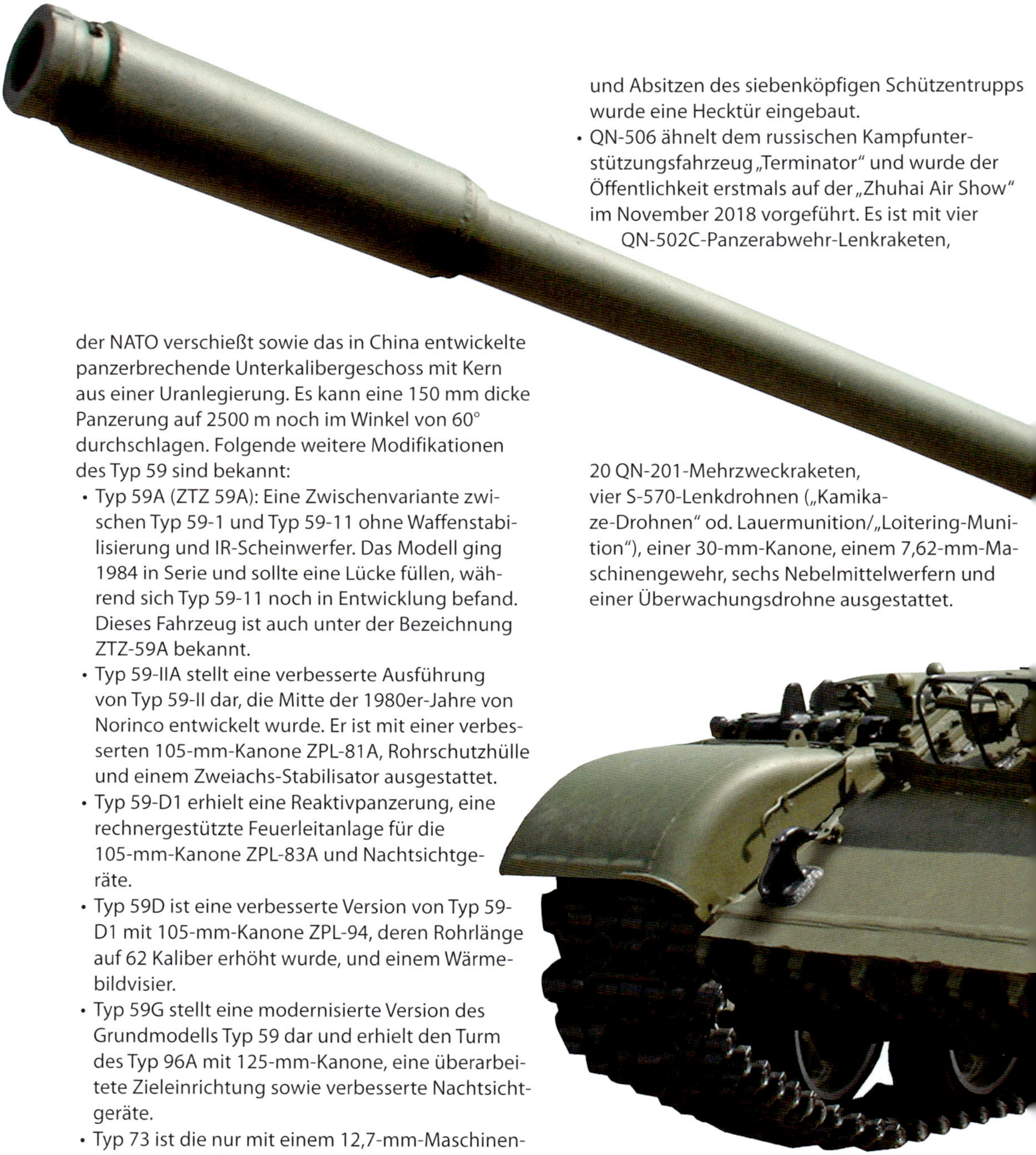

der NATO verschießt sowie das in China entwickelte panzerbrechende Unterkalibergeschoss mit Kern aus einer Uranlegierung. Es kann eine 150 mm dicke Panzerung auf 2500 m noch im Winkel von 60° durchschlagen. Folgende weitere Modifikationen des Typ 59 sind bekannt:

- Typ 59A (ZTZ 59A): Eine Zwischenvariante zwischen Typ 59-1 und Typ 59-11 ohne Waffenstabilisierung und IR-Scheinwerfer. Das Modell ging 1984 in Serie und sollte eine Lücke füllen, während sich Typ 59-11 noch in Entwicklung befand. Dieses Fahrzeug ist auch unter der Bezeichnung ZTZ-59A bekannt.
- Typ 59-IIA stellt eine verbesserte Ausführung von Typ 59-II dar, die Mitte der 1980er-Jahre von Norinco entwickelt wurde. Er ist mit einer verbesserten 105-mm-Kanone ZPL-81A, Rohrschutzhülle und einem Zweiachs-Stabilisator ausgestattet.
- Typ 59-D1 erhielt eine Reaktivpanzerung, eine rechnergestützte Feuerleitanlage für die 105-mm-Kanone ZPL-83A und Nachtsichtgeräte.
- Typ 59D ist eine verbesserte Version von Typ 59-D1 mit 105-mm-Kanone ZPL-94, deren Rohrlänge auf 62 Kaliber erhöht wurde, und einem Wärmebildvisier.
- Typ 59G stellt eine modernisierte Version des Grundmodells Typ 59 dar und erhielt den Turm des Typ 96A mit 125-mm-Kanone, eine überarbeitete Zieleinrichtung sowie verbesserte Nachtsichtgeräte.
- Typ 73 ist die nur mit einem 12,7-mm-Maschinengewehr bewaffnete Bergepanzer-Ausführung.
- Typ 59 ist die Ausführung als schwerer Schützenpanzer. Der Motor wurde nach vorn in den Bug verlegt, um Platz für einen hinteren Kampfraum für Schützen zu schaffen. Zudem wurde der Panzerschutz verstärkt, u. a. durch den Einbau reaktiver Panzerung. Für das beschleunigte Aufund Absitzen des siebenköpfigen Schützentrupps wurde eine Hecktür eingebaut.
- QN-506 ähnelt dem russischen Kampfunterstützungsfahrzeug „Terminator" und wurde der Öffentlichkeit erstmals auf der „Zhuhai Air Show" im November 2018 vorgeführt. Es ist mit vier QN-502C-Panzerabwehr-Lenkraketen, 20 QN-201-Mehrzweckraketen, vier S-570-Lenkdrohnen („Kamikaze-Drohnen" od. Lauermunition/„Loitering-Munition"), einer 30-mm-Kanone, einem 7,62-mm-Maschinengewehr, sechs Nebelmittelwerfern und einer Überwachungsdrohne ausgestattet.

Kampfpanzer Typ 59 auf einer Parade.

Den sowjetischen T-54A bauten die Chinesen als Typ 59 nach…

… und den T-54B als Typ 59-1.

Kampfpanzer Typ 59 bei einer Übung.

Alle Spielarten des Typ 59 weisen annähernd die gleiche Geschwindigkeit und Geländegängigkeit auf. Auf befestigten Straßen können sie Geschwindigkeiten von bis zu 50 km/h erreichen. Sie bewältigen Steigungen bis zu 30°, erklettern bis zu 0,8 m hohe senkrechte Hindernisse und überschreiten bis zu 2,7 m breite Gräben. Ohne Vorbereitung durchwaten sie bis zu 1,4 m tiefe Wasserhindernisse; mit Tauchausrüstung bis zu 5,5 m tiefe Gewässer.

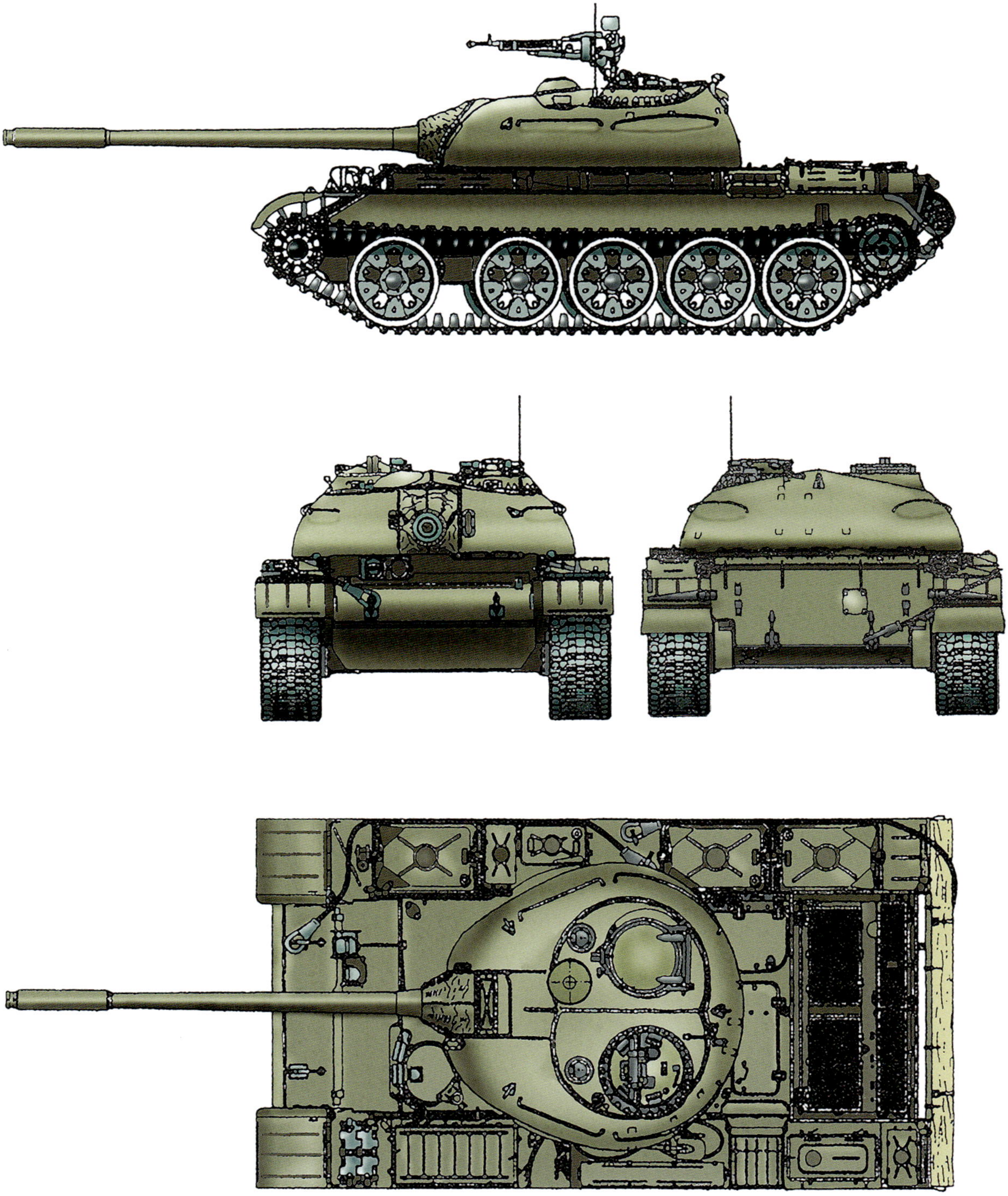

Vierseiten-Darstellung Kampfpanzer Typ 59.

Kampfpanzer Typ 69 (WZ-121)

Dieser Kampfpanzer mit Werksbezeichnung WZ-121 wurde von Norinco Mitte der 1970er-Jahre entwickelt, als die militärische Zusammenarbeit Chinas mit der UdSSR praktisch beendet war. Aus diesem Grund gilt der WZ-121 als der erste eigenständig in der VR China entwickelte und gefertigte Kampfpanzer. Dabei handelt es sich freilich nicht um ein völlig neues Fahrzeug, sondern lediglich um einen tiefgreifend modernisierten Typ 59. Der WZ-1212 wurde der Öffentlichkeit erstmals auf einer Militärparade in

Peking im September 1982 vorgestellt. Die VBA übernahm ihn unter der Bezeichnung Typ 69, wobei den rotchinesischen Panzerverbänden nur eine begrenzte Anzahl zuging. Die meisten Fahrzeuge – rund 2000 – exportierte China in den Irak, Iran, Pakistan und Thailand. Pakistan errichtete mit chinesischer Unterstützung ein Werk zur Überholung von Panzern Typ 69 und zur Montage der aus China gelieferten Baugruppen. Der Typ 69 basiert auf dem Typ 59, besitzt eine geschweißte Wanne und einen halbkugelförmigen Gussturm. Die Dicke der Panzerung beträgt im vorderen Wannenbereich 97 mm, an der Turmfront 203 mm. Die Seiten und das Fahrwerk sind mit aus einzelnen Teilen bestehenden Stahlschürzen versehen. Die vierköpfige Besatzung besteht aus dem Fahrer links im Wannenbug sowie dem Kommandanten, dem Richtschützen und Ladeschützen im Drehturm in der Wannenmitte.
Als Hauptbewaffnung baute das Werk in Baotou bei den ersten Prototypen sowohl gezogene als auch glatte 100-mm-Kanonen ein. Bei Vergleichsschießen zeigte die gezogene 100-mm-Kanone bessere Treffgenauigkeit und höheren Panzerdurchschlag. Die als Typ 69-I bezeichnete Unterart stattete man dennoch serienmäßig mit 100-mm-Glattrohrkanonen aus, während die später gebauten Typ 69-II dann

Bugansicht Kampfpanzer Typ 69, Turm ca. 10 Uhr.

100-mm-Zugrohrkanonen mit fortschrittlicherer Zielanlage erhielten. Die Munitionspalette umfasste Spreng-/Splitter-, Hohlladungs- und Treibspiegelgranaten. Für den Export wurde der Typ 69-I später mit 105-mm-Zugrohrkanonen ausgestattet, deren Rauchabsauger um zwei Drittel der Rohrlänge näher an den Turm verlegt wurde. Der Typ 69-II erhielt die von Norinco entwickelte moderne Feuerleitanlage JSFCS-212. Sie umfasst ein stabilisiertes Visier für den Richtschützen, ein Beobachtungs- und Zielgerät für den Kommandanten, einen elektronischen Flugbahnrechner, ein Sensorsystem (Seitenwindgeschwindigkeit, Lufttemperatur, Seitenneigung des

Technische Angaben Kampfpanzer Typ 69	
Besatzung, Personen	4
Gefechtsgewicht, t	37
Abmessungen, mm:	
Wannenlänge	6243
Länge Kanone 12 Uhr	8657
Breite	3270
Höhe	2809
Bewaffnung (Kaliber), mm:	
Kanone	100
Maschinengewehr	2 x 7,62; 1 x 12,7.
Kampfbeladung, Schuss:	
Kanone	34
Maschinengewehr	3400 x 7,62 mm; 500 x 12,7 mm
Motorleistung, PS	582
Höchstgeschwindigkeit, km/h	50
Fahrbereich, km	440

Fahrzeugs), einen Laserentfernungsmesser sowie einen Zweiachsen-Geschützstabilisator. Der Laserentfernungsmesser auf Neodym-Basis sitzt über dem Geschützrohr. Er ist ähnlich aufgebaut wie der Laserentfernungsmesser des sowjetischen T-62 und ermöglicht es dem Richtschützen, Zielentfernungen von 300–3000 m bis auf 10 m genau zu messen. Eine weitere Verbesserung stellte der Einbau einer Reihe von Ziel- und Beobachtungsgeräten dar. Das Beobachtungsgerät des Kommandanten mit fünffacher Vergrößerung bei Tag und sechsfacher bei Nacht (Erfassungsreichweite 350 m) bietet einen Sichtwinkel von 12 % bei Tag und 8 % bei Nacht. Der Richtschütze verfügt über ein Nachtsichtgerät mit Vergrößerungsfaktor 7, Sichtfeld 6 % und Zielerfassungsbereich 800 m. Die Feuerleitanlage JSFCS-212 stellt sicher, dass stationäre und sich bewegende Ziele bei Tag und Nacht mit einer Wahrscheinlichkeit von 50–55 % mit dem ersten Schuss getroffen werden. Klassische Ziele wie Feindpanzer oder Pak können innerhalb 6 Sekunden aufgefasst und bekämpft werden. Die Zweitbewaffnung besteht aus einem koaxialen 7,62-mm-Maschinengewehr und einem fest eingebauten Bug-MG in der Wannenfront. Hinzu kommt ein 12,7-mm-Flugabwehr-MG im Turm über der Ladeschützenluke. Neben den beiden oben genannten Modifikationen des Typ 69 wird auch der darauf aufbauende Typ 79 (anfänglich Typ 69-III) sowohl exportiert als auch an chinesische Panzerverbände geliefert. Er wird im nächsten Abschnitt ausführlich behandelt, hier nur so viel: Der Typ 79 zeichnet sich durch die israelische 105-mm-Kanone mit gezogenem Rohr L7/M68, einen Laserentfernungsmesser und eine verbesserte Feuerleitanlage aus. Darüber hinaus sind zwei Nebelwurfgeräte an den Turmseiten angebracht und das Bug-MG entfiel.

Der Typ 69 wird von einem flüssigkeitsgekühlten Zwölfzylinder-V-Dieselmotor angetrieben. Seine maximale Leistung beträgt 580 PS bei 2000 U/min; das Getriebe ist mechanisch und ähnelt dem des T-55. Das Laufwerk weist je fünf einzeln aufgehängte torsionsgefederte Laufrollen auf. Die Antriebsräder befinden sich am Heck. Der Typ 79 ist mit einer Gummi-Metall-Gelenkkette ausgestattet, während die anderen Modifikationen Typ 69 auf Stahlgelenkketten rollen. Auf befestigten Straßen erreicht der Typ 69 eine Höchstgeschwindigkeit von 50 km/h. Im Gelände bewältigt er Steigungen bis 30°, erklettert bis zu 0,8 m hohe senkrechte Hindernisse und überschreitet Gräben bis zu 2,7 m Breite. Ohne Vorbereitung durchfurtet er bis zu 1,4 m tiefe Gewässer.

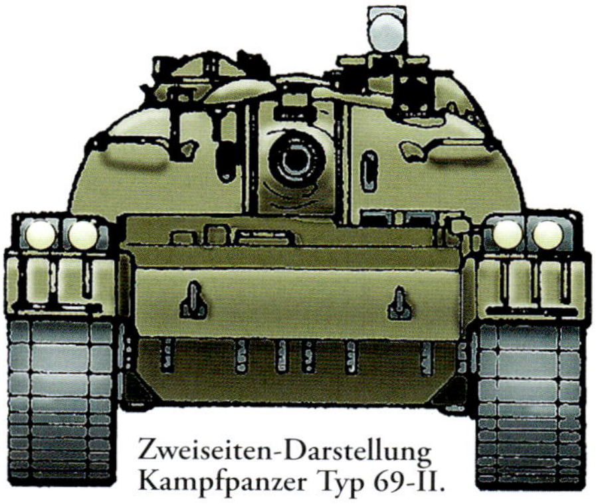

Zweiseiten-Darstellung Kampfpanzer Typ 69-II.

Vom Typ 69 entstanden folgende Abarten:

- Typ 69 (WZ-121) – erste Bauausführung auf Grundlage Typ 59 mit 100-mm- Glattrohrkanone Typ 69.
- Typ 69-I - Modifikation mit sowjetischem Luna-Infrarotsystem, verbesserter Panzerung und 100-mm-Glattrohrkanone Typ 69.
- Typ 69-II(A) – mit Laserentfernungsmesser, zweiachsiger Waffenstabilisierung und neuer 100-mm-Glattrohrkanone Typ 69-II.
- Typ 69-IIB – Exportversion von Typ 69-II(A) mit 100-mm-Glattrohrkanone Typ 69-II.
- Typ 69-IC – Befehlspanzerausführung des Typ 69-II(A) mit 100-mm- Glattrohrkanone Typ 69-II.
- Typ 69-IIG – Exportmodell mit 100-mm-Glattrohrkanone Typ 69- II (Irak) oder deutscher

China verkaufte Kampfpanzer Typ 69 an verschiedene asiatische und afrikanische Staaten.

120-mm-Glattrohrkanone Rh-120-L44 von Rheinmetall (Bangladesch).

- Typ 69-III (Typ 79) (WZ-121D) – verbesserter Typ 69-II mit 105-mm-Zugrohrkanone Typ 83-I (Royal Ordnance L7).
- Typ 69Q-M2. Diese Modifikation wurde zum ersten Mal 1989 auf der Rüstungsmesse in Bagdad vorgestellt und zwischen 1986 und 1991 produziert. Der Panzer war mit einer zweiachsig stabilisierten 125-mm-Glattrohrkanone mit automatischem Lader versehen, was eine geringfügige Vergrößerung des Turms im Heckbereich und den Einbau einer Luke zum Auswerfen leerer Patronenhülsen erforderte.
- Typ 79 stellt eine Abart mit verbesserter Bewaffnung dar, der neuen zweiachsig stabilisierten 105-mm-Kanone L7 von Royal Ordnance mit Rauchabsauger und Rohrmantel.

Ein Kampfpanzer Typ 69-II der irakischen Streitkräfte.

Typ 69 II G bei der Militärparade 2017 in Dhaka, der Hauptstadt Bangladeschs. (Shadman Samee, cc-by-sa 2.0)

Kampfpanzer Typ 79 (WZ-121D)

Der Typ 79 ging 1983 aus der Modernisierung des Typ 69 hervor. Während der Bau- und Erprobungsphase trug er die Werksbezeichnung WZ-121D. Die Modernisierungsarbeiten führten die Chinesen in Zusammenarbeit mit der britischen Firma Marconi durch. Ein erster Typ 79-I wurde ab 1984 in Kleinserie produziert und nur an Panzerverbände der VBA geliefert, die bis Januar 2015 etwa 300 Fahrzeuge betrieben. Der Typ 79-II war hingegen für den Export bestimmt.

Der Typ 79 basiert auf dem Typ 69 und weist denselben Aufbau mit Verteilung der vierköpfigen Besatzung auf. Der Fahrer sitzt links vorn, der Richtschütze im halbkugelförmigen Gussturm links der Kanone, hinter ihm der Kommandant, und der Ladeschütze in der rechten Turmhälfte. Motor- und Getriebe befinden sich im Heck der geschweißten Wanne. Die Panzerung misst oben an der Wannenfront 97 mm und an der Turmfront 203 mm. Seiten und Laufwerk schützen fünfteilige Stahlschürzen. Die wichtigste Neuerung beim Typ 79 stellte die zweiachsig stabilisierte 105-mm-Kanone Typ 83-I dar, ein Nachbau der britischen L7 von Royal Ordnance. China hatte die Lizenz zur Herstellung der Kanone von Österreich erworben. Das Rohr weist eine Länge von 52 Kalibern oder 5,55 m auf und wiegt 1282 kg. Die Feuergeschwindigkeit liegt mit eingespielter Besatzung bei 10 Schuss pro Minute wenn es darauf ankommt, ansonsten bei gezielten 6 Schuss pro Minute. Die Höchstschussweite des panzerbrechenden Unterkalibergeschosses (APDS) beträgt 1800 m, die der Panzersprenggranate (HESH) 4000 m. Die Kampfbeladung umfasst 44 Granatpatronen. Die Zweitbewaffnung besteht aus einem koaxialen

Kampfpanzer Typ 79, rechte Buganshicht.

Technische Angaben Kampfpanzer Typ 79	
Besatzung, Personen	4
Gefechtsgewicht, t	37,5
Abmessungen, mm:	
Wannenlänge	6325
Länge Kanone 12 Uhr	9220
Breite	3270
Höhe	2400
Bewaffnung (Kaliber), mm:	
Kanone	105
Maschinengewehr	1 x 7,62; 1 x 12,7
Kampfbeladung, Schuss:	
Kanone	44
Maschinengewehr	3000 x 7,62 mm; 500 x 12,7 mm
Motorleistung, PS	730
Höchstgeschwindigkeit, km/h	50
Fahrbereich, km	400

7,62-mm-MG Typ 59T mit 3000 Schuss sowie einem 12,7-mm-Maschinengewehr Typ 54 mit 500 Schuss über der Richtschützenluke. Der Richtschütze richtet die Kanone mit einem multifunktionalen Periskopvisier mit passiver Nachtsicht sowie dem Hilfszielfernrohr Typ 70. Der Kommandant verfügt über ein multifunktionales Periskop-Zweikanalvisier Typ 69

Als Hauptbewaffnung führt der Kampfpanzer Typ 79 eine gezogene 105-mm-Kanone.

mit Nachtsichtkanal; er kann Ziele unabhängig anrichten und bekämpfen. Die von Norinco in Zusammenarbeit mit Marconi entwickelte Zielanlage Typ 37A umfasst ein multifunktionales Richtschützenvisier, einen oberhalb des Geschützrohrs montierten Laserentfernungsmesser TLR1A, einen digitalen Ballistikrechner mit Sensoren und eine elektrohydraulische Zweiachsenstabilisierungsanlage für die Kanone.

Angetrieben wird das 37,5 t schwere Fahrzeug von einem 730 PS leistenden Viertakt-Turbodieselmotor 12150L-7BW. Das Schaltgetriebe bietet fünf Vorwärts- und einen Rückwärtsgang. Auf jeder Laufwerkseite befinden sich fünf große gummibereifte, torsionsgefederte und einzeln aufgehängte Laufrollen. Die Antriebsräder befinden sich am Heck. Auf befestigten Straßen kann der Panzer eine Höchstgeschwindigkeit von 50 km/h erreichen. Im Gelände bewältigt er bis zu 2,7 m breite Gräben, 0,8 m hohe senkrechte Hindernisse und 1,4 m tiefe Gewässer. Der Fahrbereich beträgt 400 km.

Kampfpanzer Typ 79 mit verstärktem Panzerschutz.

Die Ausführung Typ 79-II war für den Export bestimmt.

Kampfpanzer Typ 80 (ZTZ-80)

Den Kampfpanzer Typ 80 schuf der chinesische Rüstungskonzern Norinco in den frühen 1980er-Jahren im Rahmen einer umfassenden Modernisierung des Typ 69 (in der Entwicklungsphase hieß er Typ 69-I „Sturm"). Der Panzer behielt den klassischen Aufbau; die vierköpfige Besatzung setzt sich aus dem Fahrer vorn links in der Wanne sowie dem Kommandanten, Richtschützen und Ladeschützen im Kampfraum des Drehturms in der Mitte der Panzerwanne zusammen. Die neu konstruierte geschweißte Wanne fiel im Vergleich zum Typ 69 länger aus. Die obere Frontplatte hat einen großen Neigungswinkel zur Vertikalen – ist also sehr flach – und besteht aus mehrschichtiger Verbundpanzerung mit hoher Durchschussfestigkeit. Die Seitenwände sind mit den für den chinesischen Panzerbau üblichen stählernen Schürzen versehen. Die Turmauslegung stammt vom Typ 79, einer Exportausführung des Typ 69. Als Waffe gelangte die zweiachsig stabilisierte 105-mm-Zugrohrkanone L7/M68 mit Rauchabsauger und isolierendem Rohrmantel zum Einbau, die auch sämtliche NATO-Standard-Panzermunition 105 mm verdaut (einen Teil dieser Munition stellt die VR China in Lizenz her). Der Höhenrichtbereich reicht von –4° bis +18°. Als Feuerleitanlage übernahm der Panzer die für den Typ 69-II entwickelte JSFCS-212 SLS mit Laserentfernungsmesser. Die Zusatzbewaffnung besteht aus einem koaxialen 7,62-mm-Maschinengewehr und einem 12,7-mm-Flugabwehr-Maschinengewehr über der Ladeschützenluke. Die Nebelmittelwurfanlage besteht aus je vier Wurfbechern an den Turmseiten, die auch andere thermische Munition verschießen kann. Der Antrieb besteht aus flüssigkeitsgekühlten Zwölfzylinder-V-Dieselmotor 12150L-7BW mit Turbolader, der 730 PS bei 2000 U/min entwickelt. Das Drehmoment des Motors wird über ein Schaltgetrie-

Technische Angaben Kampfpanzer Typ 80	
Besatzung, Personen	4
Gefechtsgewicht, t	38
Abmessungen, mm:	
Wannenlänge	6325
Länge Kanone 12 Uhr	9328
Breite	3354
Höhe	2290
Bewaffnung (Kaliber), mm:	
Kanone	105
Maschinengewehr	1 x 7,62; 1 x 12,7
Kampfbeladung, Schuss:	
Kanone	44
Maschinengewehr	2250 x 7,62 mm; 500 x 12,7 mm
Motorleistung, PS	730
Höchstgeschwindigkeit, km/h	60
Fahrbereich, km	430

Schematische Dreiseiten-Darstellung Kampfpanzer Typ 80-II.

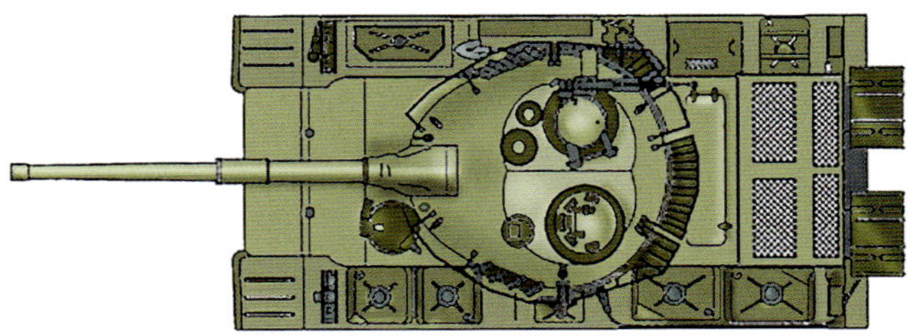

Kampfpanzer Typ 80, Ansicht von vorn links.

Der Typ 80-II erhielt als besonderes Merkmal eine Zusatzpanzerung gegen Hohlladungen.

be auf die Antriebsräder übertragen. Das Fahrwerk des Typ 80 unterscheidet sich erheblich von dem des Vorgängers. Es verfügt über sechs gummierte Laufrollen je Seite anstelle der üblichen fünf. Zum ersten Mal im chinesischen Panzerbau verwendet das Fahrwerk auch Stützrollen - drei je Seite. Die torsionsgefederten Laufrollen sind einzeln aufgehängt, wobei die erste, zweite, fünfte und sechste Laufrolle hydraulische Stoßdämpfer verwenden. Die stählerne Gelenkkette verfügt über Gummipolster. Auf befestigten Straßen erreicht der Panzer eine

Höchstgeschwindigkeit von 60 km/h. Im Gelände bewältigt er Steigungen bis 30°, 0,8 m hohe senkrechte Hindernisse und bis zu 2,7 m breite Gräben. Ohne Vorbereitung durchwatet er bis zu 1,4 m tiefe Gewässer.

Neben dem (eben beschriebenen) Grundmuster Typ 80-I entwickelte Norinco folgende Modifikationen:

- Der Typ 80-II erhielt ein halbautomatisches Getriebe, eine verbesserte Feuerleitanlage, eine modernere Bordsprechanlage sowie eine einheitliche ABC-Abwehranlage anstelle der früheren separaten Systeme.
- Der Typ 80-III erhielt eine 125-mm-Glattrohrkanone mit automatischem Lader, ähnlich der sowjetischen 2A46-Kanone.

Kampfpanzer Typ 80 während der Erprobung.

Kampfpanzer Typ 80.

Kampfpanzer Typ 85

Der Kampfpanzer Typ 85 gilt als die erste unabhängige Entwicklung chinesischer Ingenieure, die nicht auf sowjetischen Mustern als Vorbild beruhte. Norinco führte die Entwicklung in den späten 1980er-Jahren durch und stellte 1989 den ersten Prototyp vor. Es handelte sich um eine Weiterentwicklung des Typ 80, wobei der Typ 85 erstmals einen Schweißturm bekam, der die Gusstürme aller früheren chinesischen Kampfpanzermodelle ablöste. Er verfügt über eine besser geschützte Munitionsunterbringung sowie teilweise Mehrschichtpanzerung an den Frontseiten, die mit der des T-72M vergleichbar sein soll. Des Weiteren wurde der Turm mit Gitterpanzerung gegen Hohlladungen versehen. Die Hauptbewaffnung bestand ursprünglich aus dem Nachbau der britischen 105-mm-Zugrohrkanone L7 von Royal Ordnance. Die Lizenzvereinbarungen untersagten die Weitergabe der Kanone an Dritte, so dass die gewieften chinesischen Ingenieure zu einer List griffen: Auf Grundlage der L7 versahen sie die Kanone mit einer größeren

Technische Angaben Kampfpanzer Typ 85-II	
Besatzung, Personen	4
Gefechtsgewicht, t	41
Abmessungen, mm:	
Länge mit Kanone 12 Uhr	9340
Breite	3372
Höhe	2300
Bewaffnung (Kaliber), mm:	
Kanone	105
Maschinengewehr	1 x 7,62; 1 x 12,7
Kampfbeladung, Schuss:	
Kanone	42
Maschinengewehr	2250 x 7,62 mm; 500 x 12,7 mm
Motorleistung, PS	730
Höchstgeschwindigkeit, km/h	57
Fahrbereich, km	400

Bugansicht Kampfpanzer Typ 85-11. Er arbeitet mit einem halbautomatischen Getriebe.

Rohrlänge. Außerdem statteten sie das Geschütz mit einer neuen Waffenstabilisierungsanlage aus, die präzisere Schüsse aus der Bewegung erlaubte. Die Zusatzbewaffnung besteht aus einem koaxialen 7,62-mm-Maschinengewehr Typ 59T und einem 12,7-mm-Flugabwehr-Maschinengewehr Typ 54. Die automatische Feuerleitanlage ISFCS-212 umfasst ein kombiniertes Richtschützenvisier mit integriertem Laserentfernungsmesser und unabhängiger Sichtfeldstabilisierung, ein stabilisiertes Kombi-Visier für den Panzerkommandanten, eine auf zwei Ebene wirkende Waffenstabilisation und ein digitaler Feuerleitrechner mit Außensensoren. Der Typ 85-IIM, der Typ 85-IIAP und der Typ 85-III wurden hinsichtlich ihrer Feuerkraft erheblich verbessert und mit einer nicht lizenzierten Kopie der russischen 125-mm-Kanone 2A46 mit automatischem Lader ausgestattet. Dadurch ließ sich u. a. die Besatzungsstärke auf drei Mann verringern. Als Antrieb verwendet der Typ 85 einen wassergekühlten 12-Zylinder-Diesel 12150L7BW mit einer Leistung von 730 PS und halbautomatischem Getriebe. Das Laufwerk setzt sich je Seite aus der Kette mit sechs Doppellaufrollen und drei Stützrollen zusammen; Antriebsrad hinten, Leitrad vorn.

Folgenden Modifikationen des Typ 85 sind bekannt:

- Typ 85-I – Prototyp mit einem neuen Turm mit modularer Panzerung und 105-mm-Zugrohrkanone;
- Typ 85-II – Weiterentwicklung des Typ 85-I mit modernerer Funkausrüstung, zusätzlicher modularer Turm- und Wannenpanzerung sowie 105-mm-Zugrohrkanone. Export an Pakistan.
- Typ 85-IIA – Befehlspanzerausführung des Typ 85-I mit zusätzlicher Funk-, Batterielade- und Navigationsausrüstung, wobei die Munition um zwei Granatpatronen gekürzt wurde.
- Typ 85-IIM – Exportmodell für Pakistan mit neuem Turm sowie 125-mm- Kanone mit automatischem Lader.
- Typ 85-IIAP – Lizenzversion für Pakistan; ebenfalls mit 125-mm-Kanone und Ladeautomat.
- Typ 85-III – Prototyp mit 1000-PS-Motor, Reaktivpanzerung sowie 125-mm-Kanone mit Ladeautomat.

Kampfpanzer Typ 85-11 bei einer Übung.

Kampfpanzer Typ 88 (ZTZ-88)

Ab Anfang der 1980er-Jahre arbeitete Norinco an der Entwicklung eines neuen Kampfpanzers auf Grundlage des Typ 80-II. Ein erster Prototyp ging 1984 in die Erprobung. Insgesamt legten zwölf Prototypen in bergigem und wüstenartigem Gelände sowie unter extremen Temperaturen rund 100.000 km zurück. 1989 übernahm die VBA das in Serie gehende Muster unter der Bezeichnung Typ 88. Bis zum Produktionsende 1995 rollten 1000–1200 Fahrzeuge vom Band. Der Typ 88 schöpfte das Modernisierungspotenzial des Typ 59 voll aus. Der Aufbau entspricht dem Typ 59 mit Fahrer links im Bug, Motor und Getrieberaum im Heck sowie Kampfraum mit Kommandant, Richtschütze (beide links der Kanone) und Ladeschütze (rechts) im runden Drehturm. Die Wanne besteht aus verschweißten Panzerstahl-

Technische Angaben Kampfpanzer Typ 88	
Besatzung, Personen	4
Gefechtsgewicht, t	39,5
Abmessungen, mm:	
Wannenlänge	6325
Länge Kanone 12 Uhr	10.650
Breite	3272
Höhe	2290
Bewaffnung (Kaliber), mm:	
Kanone	105
Maschinengewehr	1 x 7,62; 1 x 12,7
Kampfbeladung, Schuss:	
Kanone	48
Maschinengewehr	2250 x 7,62 mm; 500 x 12,7 mm
Motorleistung, PS	730
Höchstgeschwindigkeit, km/h	57
Fahrbereich, km	450

Die Ausführung Typ 88A erhielt eine verlängerte 105-mm-Kanone.

Kampfpanzer Typ 88 auf einer Parade.

platten und weist im Frontbereich eine Verbundpanzerung auf. Der halbkugelförmige Gussturm besteht aus homogenem Panzerstahl. Das erste Baulos erhielt die 105-mm-Kanone Typ 83 mit 48 Schuss Kampfbeladung aus Spreng-, Hohlladungs- sowie panzerbrechenden Unterkalibergeschossen (einschließlich solcher mit abgereichertem Uran). Ab dem Typ 88B kam die Feuerleitanlage ISFCS-212 zum Einbau, einschließlich neuem Tag-/Nachtvisier mit stabilisiertem Sichtfeld für den Richtschützen und Laserentfernungsmesser. Sensoren füttern den digitalen Geschossbahnrechner mit Abschusswinkel und Windgeschwindigkeit. Die Optik erhielt eine spezielle Beschichtung gegen die starke Lichtstrahlung von Nuklearexplosionen. Alle in Verwendung stehenden Typ 88 wurden bei planmäßigen Überholungen auf Stand Typ 88B gebracht. Die Zweitbewaffnung besteht aus einem koaxialen 7,62-mm-Maschinengewehr Typ 59T und einem 12,7-mm-Fliegerabwehr-Maschinengewehr Typ 54 auf dem Turmdach. Die ABC-Abwehranlage erzeugt, wie allgemein in Panzerfahrzeugen üblich, im Innenraum einen leichten Überdruck, um das Eindringen gasförmiger Stoffe zu verhindern. Alle Panzer Typ 88 sind mit einer automatischen Feuerlöschanlage ausgestattet. Im Heck sitzt ein Zwölfzylinder-V-Dieselmotor VR-36 mit 730 PS Höchstleistung. Das Laufwerk entspricht dem Typ 80 mit sechs gummierten Laufrollen und drei Stützrollen je Seite. Bei einem Gefechtsgewicht von knapp 40 t entwickelt der Typ 88 eine recht hohe Beweglichkeit und Geländegängigkeit. Auf befestigten Straßen erreicht er eine Höchstgeschwindigkeit von 57 km/h und bewältigt im Gelände 2,7 m breite Gräben, 0,8 m hohe senkrechte Hindernisse und 1,4 m tiefe Gewässer. Der Fahrbereich liegt bei 450 km. Folgende Bauausführungen entstanden:

- Typ 88 (ZTZ-88) – Grundmodell mit 105-mm-Zugrohrkanone Typ 83;
- Typ 88A (ZTZ-88A) – modernisierte Version mit verlängerter 105-mm-Zugrohrkanone Typ 88-I;
- Typ 88B (ZTZ-88B) – Modifikation mit neuer Feuerleitanlage und 105-mm-Kanone Typ 83;
- Typ 88C (Typ 96, ZTZ-96) – Version mit 125-mm-Glattrohrkanone ZPT-98;
- Typ 88D – Variante des Typ 88C mit verstärkter Panzerung und 125-mm-Glattrohrkanone ZTP-98.

Kampfpanzer Typ 88.
Bugansicht mit Kanone ca. 1 Uhr.

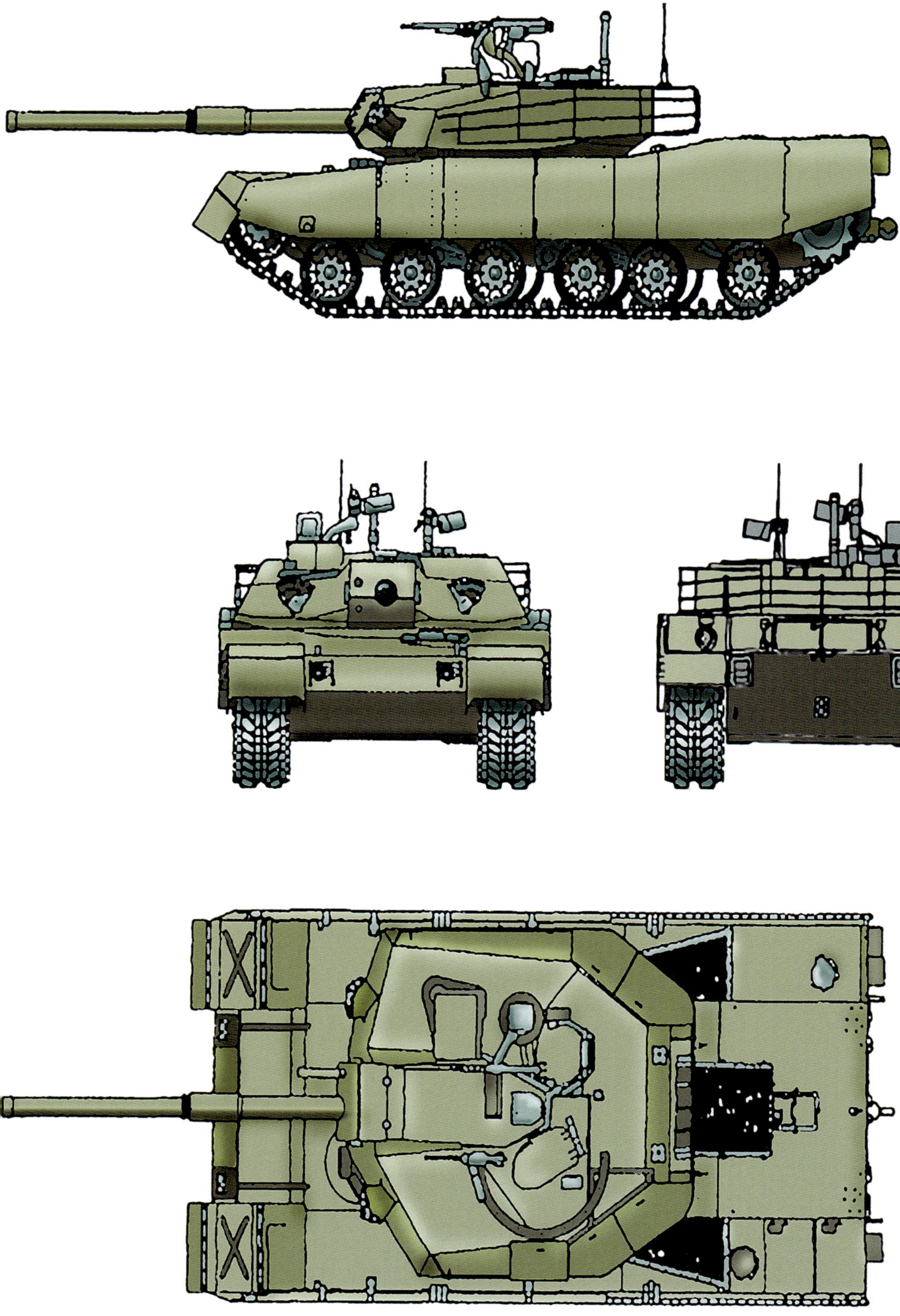

Schematische Vierseiten-Darstellung Kampfpanzer Typ 88.

Kampfpanzer Typ 90-II

In den Jahren 1988– 1990 arbeiteten die Ingenieure der Norinco-Forschungsabteilung Nr. 201 und des Panzerwerks Nr. 617 an der Verbesserung der Kampfpanzerfamilie Typ 80/Typ 85. Aus ihrer Arbeit ging u. a. der Typ 85-IIM hervor, später als Typ 90-II bezeichnet. In der Entwicklungsphase sah die Führung der VBA dieses Modell als Hauptpanzertypen für das beginnende dritte Jahrtausend vor. Dafür gab es gute Gründe. Erstens war das chinesische Militär über Rumänien und Persien in den Besitz des seinerzeit modernsten sowjetischen Kampfpanzers T-72 gelangt und nutzte die Gelegenheit, sich mit dessen fortschrittlichen technischen Lösungen vertraut zu machen und sie zu kopieren. Zweitens leisteten ukrainische Spezialisten beträchtliche Unterstützung bei der Beherrschung der Konstruktion sowie der Technologie zur Herstellung verschiedener

Technische Angaben Kampfpanzers Typ 90-II	
Besatzung, Personen	3
Gefechtsgewicht, t	48
Abmessungen, mm:	
Wannenlänge	7300
Länge Kanone 12 Uhr	10.280
Breite	3450
Höhe	2300
Bewaffnung (Kaliber), mm:	
Kanone	125
Maschinengewehr	1 x 7,62; 1 x 12,7
Kampfbeladung, Schuss:	
Kanone	40
Maschinengewehr	2000 x 7,62 mm; 300 x 12,7 mm
Motorleistung, PS	1200
Höchstgeschwindigkeit, km/h	60
Fahrbereich, km	500

Kampfpanzer Typ 90-II mit zusätzlicher reaktiver Panzerung.

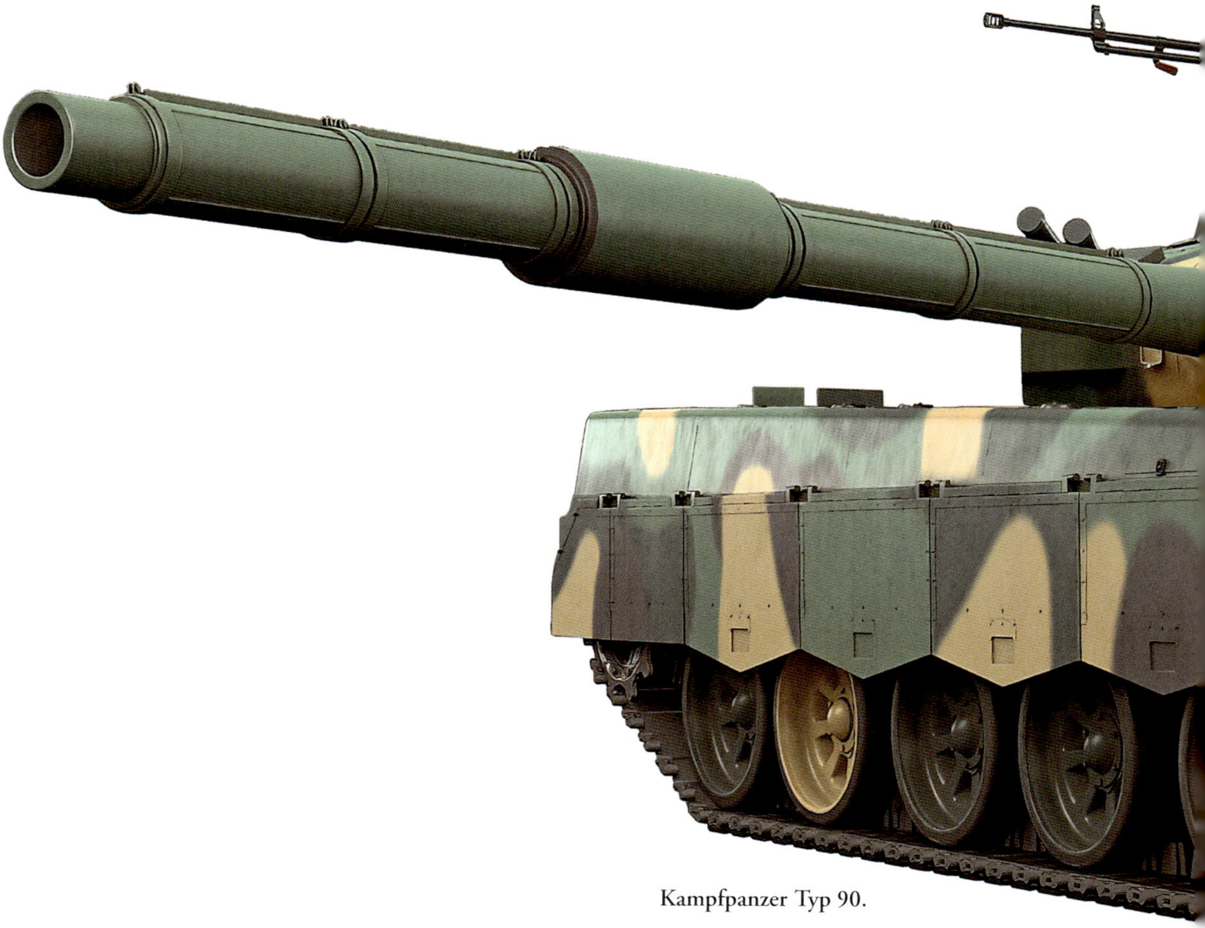

Kampfpanzer Typ 90.

Teile und Baugruppen des sowjetischen Panzers. Drittens beteiligten sich britische und französische Firmen an der Konstruktion des neuen chinesischen Fahrzeugs. Fast alle notwendigen Ausrüstungen und Materialien wurden entweder offiziell im Ausland eingekauft (ein völlig neuer und ungewöhnlicher Fall im rotchinesischen Panzerbau), oder sie konnten in China in Lizenz offiziell nachgebaut werden. Die erfolgreichsten technischen Lösungen chinesischer Ingenieure fanden ebenfalls Berücksichtigung. Darüber hinaus wurden bewährte Elemente und Baugruppen chinesischer Kampfpanzer übernommen, so vom Typ 59 rund 10 %, vom Typ 69 an die 15 % und vom Typ 85/88C etwa 20 %. Neue technische Lösungen machten 55 % aus.

Nach den den Ereignissen auf dem Platz des Himmlischen Friedens in Peking verhängten die USA und westeuropäische Länder ein Embargo für Waffenlieferungen an China. Dies hätte durchaus zur Einstellung der Arbeiten an dem Projekt führen können, aber leitende Norinco-Funktionäre fanden einen Ausweg aus dieser Situation. Unerwarteterweise half der am 1. Oktober 1988 mit der pakistanischen Militärführung geschlossene Vertrag über die Herstellung eines Panzerprototypen und dessen Erprobung. Der erste Prototyp des Typ 90-11 wurde 1990 hergestellt, und im Juni 1991 fand die erste öffentliche Vorführung statt. Wie bei allen anderen chinesischen Kampfpanzern befindet sich auch beim Typ 90 der Fahrer vorn links. Nach Vorbild des sowjetischen T-72 und bedingt durch den Einbau einer 125-mm-Glattrohrkanone mit Ladeautomat konnte jedoch auf den Ladeschützen im Drehturm verzichtet werden. Kommandant und Richtschütze erhielten neue Plätze: der Kommandant rechts und der Richtschütze links der Kanone mit Höhenrichtbereich −6° bis + 16° (der größer ist als beim T-72 mit −5° bis +14°). Die Kanone verschießt geteilte

Munition sowjetischer Bauart. Der Typ 90 übernahm vom Typ 80-II die Feuerleitanlage JSFCS-212 mit Laserentfernungsmesser und Sensor-bestücktem Geschlossflugbahnrechner. Kommandant und Richtschütze verwenden kombinierte Tag- und Nachtsicht-Zielgeräte mit stabilisiertem Sichtfeld. Die Zusatzbewaffnung besteht aus einem koaxialen 7,62-mm-Maschinengewehr und einem 12,7-mm-Flugabwehr-Maschinengewehr über der Luke des Kommandanten. Zwei an den Turmseiten montierte Nebelwurfgeräte zu vier Bechern sowie eine thermische Nebelanlage dienen der Vernebelung im Gefecht. Neben einer deutlich erhöhten Feuerkraft zeichnet sich der Typ 90-II durch verbesserten Panzerschutz aus. Die Frontseiten von Turm und Wanne erhielten Verbundpanzerungen, Wannenseiten und Fahrwerk stählerne Schürzen. Berichten zufolge hat Norinco die Arbeiten an einer reaktiven Zusatzpanzerung für den Typ 90-11 erfolgreich abgeschlossen. Das Gefechtsgewicht erhöhte sich aufgrund des verstärkten Panzerschutzes auf 48 t. Um eine ausreichend hohe Beweglichkeit zu erhalten, wurde ein stärkerer Dieselmotor eingebaut. Der erste Prototyp kam sogar in den Genuss eines deutschen Achtzylinder- Vielstoff-Dieselmotors mit Turbolader und Flüssigkühlung MTU 396 zu 1200 PS und eines Renk-Automatikgetriebes LSG 3000. Den zweiten Prototypen stattete Norinco mit einem englischen Zwölfzylinder-Mehrstoffdiesel CV-12-1200 mit Turbolader und 1200 PS TCA „Condor" der Perkins Engine Company und einem französischen hydromechanischen Automatikgetriebe SESM ESM-500 aus. Die Exportversion des in Pakistan hergestellten Typ 90-IIM (MBT-2000) treibt ein ukrainischer Dieselmotor 9TD mit 1200 PS an. Das Kettenlaufwerk zeigt eine neu konstruierte Stahlgelenkkette mit Gummipolstern sowie sechs gummibereifte, einzeln aufgehängte und drehstabgefederte Laufrollen auf

Das Exportmodell Typ-90-IIM firmiert auch unter der Bezeichnung MBT-2000.

jeder Seite. Die erste, zweite, fünfte und sechste Stützrolle verfügt über einen hydraulischen Stoßdämpfer. Auf befestigten Straßen erreicht der Typ 90-II eine Höchstgeschwindigkeit von etwa 60 km/h. Im Gelände bewältigt er Steigungen bis 30° und überwindet senkrechte Hindernisse bis 0,8 m Höhe und bis zu 2,7 m breite Gräben. Ohne Vorbereitung durchwatet er bis zu 1,4 m tiefe Gewässer. Zur weiteren Ausstattung zählen eine moderne Funk- und Navigationsausrüstung, eine ABC-Abwehranlage und eine automatische Feuerlöschanlage. Vom Typ 90-II sind folgende Abarten bekannt:

- Typ 90-IIA war ein Exportmodell, das Pakistan angeboten wurde. Es wurde von einem französischen 1500-PS-Dieselmotor angetrieben. Der Panzer konnte zumindest mit diesem Motor nicht verwirklicht werden, da sich Frankreich dem gegen Pakistan wegen seiner Atomtests verhängten Embargo anschloss.
- Typ 90-IIM oder MBT-2000 war ebenfalls ein auf die Anforderungen der pakistanischen Streitkräfte zugeschnittenes Exportmodell und wurde entwickelt, um das Embargo zu umgehen. Ursprünglich mit einem Motor aus chinesischer Produktion ausgestattet, der sich als unzuverlässig erwies. 2001 wurde der Typ 90-IIM vorgeführt und weiterhin mit der Option eines ausländischen Motors angeboten.
- „Al-Khalid" ist eine Weiterentwicklung des MBT-2000 mit einigen Modifikationen, darunter der ukrainische 6TD-Dieselmotor mit 1200 PS. Pakistan hat die Lizenz für die Produktion des „Al-Khalid" erworben.

Weder die Grundversion Typ 90-II noch die erwähnten Modifikationen erfüllten die Erwartungen des chinesischen Militärs, da er sich den bei führenden Armeen eingeführten Kampfpanzern als deutlich unterlegen erwies.

Kampfpanzer Typ 96 (ZTZ-96)

Berichten zufolge wird der Typ 96 in naher Zukunft die Rolle des in höchsten Stückzahlen produzierten modernen Kampfpanzers bei den rotchinesischen Streitkräften einnehmen. Bereits 2016 belief sich seine Anzahl bei der Truppe auf rund 2000 Stück. Eine verbesserte Ausführung Typs 96B (ZTZ-96B) befindet sich in Serienfertigung. Norinco entwickelte den Panzer Mitte der 1990er-Jahre und ließ alle fortschrittlichen Entwicklungen einfließen, die zuvor in den Konstruktionen Typ 83 und Typ 90 umgesetzt worden waren. Etwa 1997 ging der Typ 96 in Serie und die VBA führte ihn ein. Sowohl der ursprüngliche Typ 96 als auch spätere Abarten übernahmen das klassische Grundschema mit Fahrer links vorn in der Wanne und Kampfraumbesatzung im Drehturm mit Kommandant rechts und Richtschütze links der Kanone. Motor und Getriebe befinden sich im

Technische Angaben Kampfpanzers Typ 96A	
Besatzung, Personen	3
Gefechtsgewicht, t	42,5
Abmessungen, mm:	
Wannenlänge	6330
Länge Kanone 12 Uhr	10.280
Breite	3376
Höhe	2300
Bewaffnung (Kaliber), mm:	
Kanone	125
Maschinengewehr	1 x 7,62; 1 x 12,7
Kampfbeladung, Schuss:	
Kanone	42
Maschinengewehr	2250 x 7,62 mm; 500 x 12,7 mm
Motorleistung, PS	800/1000
Höchstgeschwindigkeit, km/h	65
Fahrbereich, km	400

Kampfpanzer Typ 96G bei einem Vergleichswettbewerb.

Heck. Wanne und Turm sind geschweißt und weisen an der Front eine Mehrschichtpanzerung auf. Das Fahrwerk schützen fünfteilige Seitenschürzen.
Die Hauptbewaffnung besteht aus einer in zwei Achsen stabilisierten 125-mm-Glattrohrkanone mit Ladeautomat und die Zweitbewaffnung aus einem 7,62-mm-Maschinengewehr Typ 86 und einem 12,7-mm-Flugabwehr-Maschinengewehr W-85.
Die Kampfbeladung umfasst 42 Schuss geteilter 125-mm-Munition, 2250 Schuss 7,62-mm- und 500 Schuss 12,7-mm-Maschinengewehrmunition. Im Förderband des automatischen Laders befinden sich 22 Schuss. Die fortschrittliche Feuerleitanlage mit doppeltem Stabilisator ergänzen kombinierte Visiere mit stabilisiertem Sichtfeld für Kommandant und Richtschütze, ein Laserentfernungsmesser, sowie ein ballistischer Geschossflugbahnrechner mit Sensoren und Bedienfeld. Im Heck sorgen ein flüssigkeitsgekühlter Zwölfzylinder-Dieselmotor zu 800 PS kombiniert mit einem Planeten-Schaltgetriebe für den Antrieb. Das drehstabgefederte und mit hydraulischen Stoßdämpfern versehene Laufwerk weist auf jeder Seite sechs Doppellaufrollen, drei Stützrollen, ein hinteren Antriebsrad und ein vorderes Leitrad auf. Auf die Stahlgelenkkette lassen sich für Fahrten auf Asphalt Gummipolster aufziehen. Zur weiteren Ausstattung zählen eine ABC-Abwehranlage mit Luftfiltern, ein Schnorchelsatz für Unterwasserfahrten, eine Feuerlöschanlage, eine thermodynamische Nebelanlage, eine Bordsprechanlage sowie ein UKW-Funkgerät Typ 889B mit bis zu 25 km Reichweite.

Während der Serienproduktion des Typ 96 ent-

Kampfpanzer Typ 96G.

wickelten die Norinco-Ingenieure eine verbesserte Ausführung Typ 96G mit der neuen Feuerleitanlage ISFCS-212B (ISFCS-212B) mit digitalem Flugbahnrechner GUMS-2, Wärmebildvisier für den Richtschützen sowie einem stärkeren Dieselmotor Typ 12150ZL zu 1000 PS.

Neben konventionellen Geschossen kann der Panzer auch lasergesteuerte Panzerabwehrraketen (eine lizenzierte Kopie der russischen Rohrrakete 9M119 „Reflex") mit einer Reichweite von 100 bis 4000 m durch das Geschützrohr abfeuern.

Die von 2000–2005 gefertigte Serienversion trägt die Bezeichnung Typ 96A. Im Allgemeinen entsprach der Typ 96A der Modifikation Typ 96G, aber die letzten Serienfahrzeuge stachen durch eine keilförmige Zusatzpanzerung vorn am Turm hervor. Das jüngste Mitglied der Familie stellt der Typ 96B dar. Er erhielt reaktive Zusatzpanzerungen an Wanne und Turm, unterscheidet sich ansonsten aber nicht wesentlich von seinen Vorgängern. Die wichtigste Neuerung bildete die Modernisierung von Motor und Getriebe zur Steigerung der Mobilität.

Typ 96A bei einem Kampfpanzer-Vergleichswettbewerb.

Auf Sattelschlepper verlastete Kampfpanzer Typ 96G der 54. mechanisierten Brigade.

Typ 96G bei einer Parade in Peking am 1. Oktober 2009.

Typ 96A im Manövergelände produzieren Panzer-typisch verräterische Staubfahnen.

Kampfpanzer Typ 98 (ZTZ-98)

Die Bemühungen der Chinesen, den Typ 90 zu verbessern, gipfelten in der Entwicklung des neuen Typ 98 (Werksbezeichnung ZTZ-98). Am 1. Oktober 1999 wurde er bei einer Militärparade in Peking erstmals der Öffentlichkeit vorgeführt. Im selben Jahr waren die Serienfertigung angelaufen und die ersten Fahrzeuge an Einheiten der Panzerbataillone 6, 7 und 8 der 38. und 26. Brigade ausgeliefert worden. Auch der Typ 98 übernahm – wie sollte es anders sein – das klassische Grundschema seiner Vorgänger. Der Fahrer sitzt vorn in der Wanne, allerdings in der Mitte, und sitzt über eine Luke mit nach rechts schwenkbarem Deckel auf und ab. Der vordere Winkelspiegel lässt sich gegen ein Nachtsichtgerät austauschen. Analog zum Typ 96 sitzen Kommandant und

Technische Angaben Kampfpanzer Typ 98	
Besatzung, Personen	3
Gefechtsgewicht, t	48
Abmessungen, mm:	
Länge mit Kanone 12 Uhr	10.920
Breite	3372
Höhe	2200
Bewaffnung (Kaliber), mm:	
Kanone	125
Maschinengewehr	1 x 7,62; 1 x 12,7.
Kampfbeladung, Schuss:	
Kanone	41
Maschinengewehr	2000 x 7,62 mm; 300 x 12,7 mm
Motorleistung, PS	1200
Höchstgeschwindigkeit, km/h	65–70
Fahrbereich, km	450–600

In der Buganansicht sieht der chinesische Typ 98 dem sowjetischen T-72 zum Verwechseln ähnlich.

Der Typ 98 verfügt über eine 125-mm-Kanone mit Ladeautomat.

Richtschütze im Drehturm in der Mitte der Wanne. Der Turm verfügt über eine Klappe zum Auswerfen verbrauchter Patronenhülsen. Auf dem Turmdach sind die Funkantenne, der Lasersensor, der Windgeschwindigkeitsmesser und andere Sensoren montiert. Als Bordsprechanlage dient die VIC-8 und gefunkt wird mit dem Funkgerät Typ 889B. Im Deckel der Richtschützenluke lässt sich für Unterwasserfahrten ein Schnorchelrohr befestigen, das sonst in einer Aussparung hinter dem Turm aufbewahrt wird. Die Wanne besteht aus geschweißten Blechen aus homogenem Panzerstahl. Der Wannenbug ist ähnlich wie beim sowjetischen T-72M ausgeführt und mit einer Mehrschichtpanzerung versehen. Die Dicke

Kampfpanzer Typ 98 in der Bereitstellung für eine Parade.

der Frontplatte beträgt 480–550 mm, die des Wannendachs 30–40 mm und die der Seitenwände 30–100 mm. An der unteren Frontplatte befindet sich ein Räumschild zum Aufschieben von Deckungen und zu weiteren Arbeiten. Der Turm besteht ebenfalls aus geschweißten Stahlplatten, die mit austauschbaren Modulblöcken reaktiver Panzerung kombiniert sind. Am Heck befindet sich eine tiefe Aussparung, die Gitterschirme zur Abwehr von Hohlladungen abdecken. Die Stärke der Front-

panzerung beträgt insgesamt 640–790 mm, die der Turmseiten 160–200 mm. Zusätzliche Panzerplatten bzw. Module reaktiver Panzerung lassen sich an Wanne und Turm anbringen. Die Hauptbewaffnung bildet die 125-mm-Glattrohrkanone ZPT-98, ergänzt um das koaxiale 7,62-mm-Maschinengewehr Typ 86. Ein 12,7-mm-Flugabwehr-Maschinengewehr W-85 ist vor der Kommandantenluke postiert. Bei der zweiachsig stabilisierten ZPT-98 handelt es sich um den chinesischen Nachbau der sowjetischen Panzerkanone 2A46, wie sie im T-72B3, im T-80 und T-90 eingebaut wurde. Der Höhenrichtbereich reicht von –6° bis +14 Grad. Das Geschützrohr ist mit einer wärmeisolierenden Ummantelung ausgestattet, die ein „Durchbiegen" bei starker Erwärmung verringert, sowie mit einem Rauchabsauger, der verhindert, dass zu viele Pulvergase der Kampfraumbesatzung das Leben schwer machen. Der Munitionssatz aus geteilter Munition umfasst Spreng-, Hohlladungs- sowie panzerbrechende Unterkalibergeschosse.

Einigen Quellen zufolge ist China in der Lage, panzerbrechende Unterkalibergeschosse mit Kern aus abgereichertem Uran herzustellen. Zur Munitionsausstattung gehören auch Panzerabwehr-Rohrraketen des russischen Typs 9M119 „Reflex", die China in Lizenz herstellt. Die Raketen arbeiten mit Laserlenkung, können Feindpanzer bis auf 5000 m bekämpfen und durchschlagen bis zu 700 mm Panzerstahl. Die Kanone ist mit einem hydromechanischen Ladeautomaten („Ladekarussell") mit einer Kapazität von 22 Schuss ausgestattet. Der Automat entstand ebenfalls als Nachbau seinen sowjetrussischen Vorbilds und fand bereits Eingang bei den Kampfpanzern Typ 85-11M, Typ 90-11 und Typ 96. Die Kampfbeladung umfasst 41 (42) Schuss. Bei Verwendung des automatischen Ladegeräts beträgt die Feuergeschwindigkeit 8

Kampfpanzer Typ 98, linke Bugansicht.

Schuss pro Minute, bei händischem Laden bis zu 2 Schuss pro Minute. Die vollautomatische Feuerleitanlage entwickelten die Chinesen mithilfe westlicher Technologie. Ein schneller digitaler Ballistikrechner und eine Reihe automatischer Sensoren liefern hochpräzise Daten für die Feuerleitung. Der Richtschütze verfügt über ein Periskopvisier mit integriertem Laserentfernungsmesser, Wärmebildkamera und Display; der Kommandant über ein periskopisches Kombinationsvisier mit Panoramakopf und Wärmebild-Display, das mit dem Visier des Richtschützen gekoppelt ist. Das Display zeigt Bilder mit 5- bis 11,4-facher Vergrößerung. Beide Visiere verfügen über eine unabhängige Sichtlinienstabilisierung. Falls der Richtschütze ausfällt oder abgelenkt ist, kann der Kommandant selbst das Feuer eröffnen. Diese Feuerleitanlage verbesserte die Ersttrefferwahrscheinlichkeit auf stehende oder sich bewegende Ziele erheblich. Das Wärmebildsystem ermöglicht des Weiteren gezieltes Schießen unter besonders staubigen Bedingungen (Wüste), bei Rauch oder schlechter Sicht. Zu den Besonderheiten des Typ 98 zählt auch die aktive Laserabwehranlage JD-3 auf der Basis von Quantengeneratoren. Das System besteht aus einem Laserwarnempfänger (LRW) und einer Laserabwehrwaffe (LSDW). Sie sind auf dem Turmdach hinter der Luke des Richtschützen und der Luke des Kommandanten montiert. Erkennt der Sensor einen auf den Panzer gerichteten Laserstrahl, gibt die Warnanlage den Befehl, den Turm auf die Laserquelle zu richten. Der Generator erzeugt seinen eigenen Laserstrahl mit geringer Leistung, der den Standort des emittierenden Objekts bestimmt. Wird ein Ziel erkannt, wird der Laser mit maximaler Leistung eingeschaltet, um die Optik des Gefährders und die Sehorgane des gegnerischen Bedieners zu zerstören. Für den Antrieb des Typ 98 sorgt der 1200-PS-Dieselmotor im Heck; ein Nachbau des Dieselmotors WD 396 der deutschen Firma MTU. Das mechanische Planetengetriebe bietet sieben Vorwärtsgänge und einen Rückwärtsgang. Motor und Getriebe sind als eine Einheit konzipiert, die sich im Feld mit einem Kran innerhalb von 30–40 Minuten wechseln lässt. Das einzeln drehstabgefederte und mit hydraulischen Stoßdämpfern versehene Laufwerk weist je Seite sechs gummibereifte Laufrollen und vier Stützrollen auf; Antriebsrad mit abnehmbarem Zahnkranz hinten, Leitrad vorn. Die Stahlkette weist Gummipolster auf. Auf befestigten Straßen erreicht der Typ 98 eine Höchstgeschwindigkeit von 65–70 km/h. Im Gelände überwindet er bis zu 2,7 m breite Gräben, bis zu 0,85 m hohe senkrechte Hindernisse und bis zu 1,4 m tiefe Gewässer.

Kampfpanzer Typ 99 (ZTZ-99)

Gleich nach der Indienstellung von Typ 98 (ZTZ-98) erschrak die chinesische Führung über die Kosten in Herstellung und Betrieb, und dabei erwies sich das Modell auch noch als zu kompliziert und zu allem Übel westlicher Konkurrenz in vielerlei Hinsicht unterlegen. Bevor er ganz China in den finanziellen Ruin stürzte, durfte vom Typ 98 daher nur eine relativ kleine Serie entstehen, die an Elite-Panzerverbände ging. Im gleichen Atemzug forderte die VBA-Führung die Entwicklung eines neuen, preisgünstigeren Modells auf Grundlage des Typ 96A (ZTZ-96A) und des Typs 98A (ZTZ-98A), das zum chinesischen Hauptkampfpanzer werden sollte. Die Entwicklung teilten sich das Nevrol-Institut Nr. 201 in Peking und das Panzerwerk Nr. 617 (Firmako) in Baotou. Ein als Typ 98A bezeichneter Prototyp lag im Jahr 2000 vor;

Technische Angaben Kampfpanzer Typ 99	
Besatzung, Personen	3
Gefechtsgewicht, t	54
Abmessungen, mm:	
Länge mit Kanone 12 Uhr	10.920
Breite	3372
Höhe	2200
Bewaffnung (Kaliber), mm:	
Kanone	125
Maschinengewehr	1 x 7,62; 1 x 12,7
Kampfbeladung, Schuss:	
Kanone	41
Maschinengewehr	2000 x 7,62 mm; 300 x 12,7 mm
Motorleistung, PS	1500
Höchstgeschwindigkeit, km/h	80
Fahrbereich, km	450/700

Ein Zug Kampfpanzer Typ 99 auf dem Geländemarsch.

Typ 99, Bugansicht von links.

Die angegebene Panzerstärke an der Turmfront des Typ 99 beträgt 640–790 mm.

Kampfpanzer Typ 99 mit grüßendem Richtschützen auf einer Parade.

noch im selben Jahr ging er in Serie und die VBA stellte ihn in Dienst. Bis Anfang 2015 konnten sich die VBA-Panzerverbände über insgesamt etwa 500 Kampfpanzer Typ 99 freuen – ein eher bescheidener Zulauf in 15 Jahren. Bei der Grundauslegung mussten sich die Entwickler nicht besonders anstrengen und übernahmen das Schema des Vorgängers mit dreiköpfiger Besatzung und deren Unterbringung in Wanne und Drehturm (siehe oben) sowie von Motor und Getriebe im Heck. Die geschweißte Wanne erhielt am Bug eine Verbundpanzerung aus zwei Stahlplatten und geschossabsorbierendem bzw. -hemmenden Füllmaterial dazwischen. Die Dicke der Panzerung beträgt nach offiziellen Angabe an der oberen Bugplatte 480–550 mm, an den Seiten 30–100 mm und am Wannendach 30–40 mm. Nach Vorbild des Typ 98 lässt sich an der unteren Frontplatte ein Räumschild anbringen. Die Turmfront erhielt ebenfalls eine Verbundpanzerung aus unterschiedlich dicken Panzerstahlblechen und das Turmheck eine Gitterpanzerung gegen Hohlladungen. Die Dicke der Panzerung soll an der Turmfront 640–790 mm und an den Seiten 160–200 mm betragen – ob mit oder ohne reaktive Module, ließ sich hier nicht klären. Die oben angebrachte aktive Laserabwehranlage JD-3 erhöhte die Überlebensfähigkeit des Typ 99 entscheidend. Sie funktioniert wie folgt: Eine Reihe auf der Oberfläche verteilter Sensoren erkennt die Erfassung des Fahrzeugs durch den Laserstrahl eines gegnerischen Entfernungsmessers oder eines ähnlichen Systems und gibt dann ein entsprechendes Signal ab. Der Sender der JD-3-Anlage schwenkt dann zusammen mit dem Turm in Richtung der Strahlungsquelle, woraufhin die Anlage mit eigenem, relativ schwachem Laserstrahl den gegnerischen Sender ortet. Das geortete

Ziel lässt sich dann mit Granaten oder Rohrraketen bekämpfen, aber es gibt noch eine weitere interessante Möglichkeit. Mit entsprechenden Befehl zielt der JD-3 auf die gegnerische Optik und erhöht dann sofort die Leistung des Strahls um mehrere hundert Prozent. Der starke Strahl beschädigt die gegnerischen optischen Systeme oder blendet die Besatzung des gegnerischen Fahrzeugs. Auf Entfernungen bis 10 km kann er eine Person zumindest vorübergehend blenden. Diese Blendwirkung gegen Personen brachte dem JD-3-System aber nicht nur Beifall ein: Per UN-Beschluss wurden Entwicklung und Bau von Blendlaser-Systemen Mitte der 1990er-Jahre international verboten.

Als Hauptbewaffnung erhielt der Typ 99 die 125-mm-Glattrohrkanone ZPT-98; eine modernisierte chinesische Version der russischen Panzerkanone 2A46 mit wärmeisolierendem Mantel ums Geschützrohr. Der elektromechanische Ladeautoamt („Ladekarussell") fasst 22 Schuss geteilter Munition; die Kampfbeladung insgesamt besteht aus 41 Schuss Unterkaliber-, Hohlladungs- oder Sprenggeschossen. Panzerabwehrlenkraketen des Typs 9M119 „Reflex", die China in Lizenz herstellt, lassen sich ebenso durch das Geschützrohr abfeuern. Interessantes Detail am Rande: Die chinesischen Entwickler behaupten, dass die ZPT-98 (in der Präzision?) die deutsche Panzerkanone Rh-120 des Leopard 2 um 30 % und die russische 2A46M1 um 45 % übertrifft. Ein Vergleichsschießen unter Freunden brächte Klarheit. Der Höhenrichtbereich der zweiachsig stabilisierten ZPT-98 beträgt –6° bis +14°. Die Zweitbewaffnung besteht aus einem koaxialen 7,62-mm-Maschinengewehr Typ 86 und einem 12,7-mm-Fliegerabwehr-Maschinengewehr W-85 an der Luke des Kommandanten. Eine Nebelmittelwurfanlage Typ 84 zu je fünf Wurfbechern ist an die Turmseiten montiert. Der Typ 99 arbeitet mit einer automatischen Feuerleitanlage und der Richtschütze zielt über eine Periskopvisier mit unabhängiger Stabilisierung des Sichtfeldes in zwei Ebenen, kombiniert mit einem Laserentfernungsmesser und Wärmebildkanal sowie einer automatischen Zielverfolgungsanlage. Über sein periskopisches Panorama-Beobachtungsgerät mit unabhängiger Sichtfeldstabilisierung in zwei Ebenen beobachtet bzw. richtet der Kommandant. Beiden stehen multifunktionale Bedienfelder zur Verfügung. Ist der Richtschütze aus irgendwelchen Gründen von der Feuerleitung abgekoppelt, kann der Kommandant übernehmen und eigenständig Ziele bekämpfen. Als Antrieb dient dem Typ 99 ein 1500 PS leistender Multikraftstoff-Turbodiesel-V-Motor MB-871Ka500, den die Chinesen in Lizenz der deutschen Firma MTU herstellen. Das am Motor angeflanschte Getriebe besteht aus zwei integrierten hydraulischen Planetengetrieben für 7 Vorwärtsgänge und einen Rückwärtsgang. Das Aggregat lässt sich feldmäßig mittels Kran innerhalb von 40–50 Minuten austauschen. Das drehstabgefederte und mit hydraulischen Stoßdämpfern versehene Laufwerk weist sechs Lauf- und vier Stützrollen je Seite auf; Antriebsrad hinten, Leitrad vorn. Die Stahlgelenkkette verfügt über Gummidämpfer. Auf befestigten Straßen erreicht der Typ 99 Geschwindigkeiten von bis zu 80 km/h. Im Gelände überschreitet er bis zu 2,7 m breite Gräben, erklettert bis 0,85 m hohe senkrechte Hindernisse und durchwatet bis zu 1,4 m tiefe Gewässer.

Kampfpanzer Typ 99 (ZTZ-99), rechte Buganssicht.

Kampfpanzer Typ 99A (ZTZ-99A)

Der auf Grundlage von Typ 99 entwickelte Typ 99A (ZTZ-99A) zählt zu den besten chinesischen Kampfpanzern. Über der Entwicklung schwebte das „Drei große Veränderungen“:

- 1. Kompaktere Bauart und besserer Schutz;
- 2. Neuer Turm;
- 3. Verbesserte Feuerleitanlage.

Den ersten Schritt bildete das Versuchsfahrzeug Typ 99G mit neuer Zielanlage und reaktiver Panzerung. Die Serienversion trug die Bezeichnung Typ 99A1 und verfügte zusätzlich zu den Neuerungen des Typs 99G über einen verbesserten Ladeautomaten. Er unterscheidet sich vom Panzer Typ 99 durch einen höheren Digitalisierungsgrad, die verbesserte Feuerleitanlage, einen integrierten dynamischen Schutz und ein aktives Schutzsystem (APS) der neuen Generation. 2011 begann die Produktion der Hauptausführung Typ 99A2. Wanne und Turm bestehen aus geschweißten Panzerstahlplatten; verstärkt um zusätzliche reaktive Panzerungsmodule. Die an der Vorderseite des Turms montierten Module sind an der Turmbasis etwa 660 mm, auf halber Höhe 700–1000 mm und am Dach 400 mm stark. Die obere Bugpartie der Wanne erhielt ein zusätzliches Panzermodul von etwa 650–750 mm Dicke. Des Weiteren wurden Wannen- und Turmfront sowie Turmseiten durch reaktive Elemente FY-IV geschützt. Nach chinesischen Angaben entspricht dieser Schutz der russischen Reaktivpanzerung „Relikt“. Eine zusätzliche Panzerung schützt das Turmdach, was den Schutz gegen Hohlladungs-Submunition erhöht. Darüber hinaus bekam Typ 99A2 eine aktive Schutzanlage zur Abwehr optronischer Lenkwaffen analog dem russischen „Schtora“-System („Vorhang“) mit Sensoren zur Meldung von Laserstrahlen, die den Panzer erfassen. Dazu gehört ein Mast mit optoelektronischen Vorrichtung hinter der Richtschützenluke, die gegnerische Panzerabwehrraketen aufspürt und unschädlich macht. Die Hauptwaffe bildet eine 125-mm-Kanone mit 50 Kalibern Länge, die der russischen Panzerkanone 2A46M-5 des T-80 und T-90 ähnelt. Der Ladeautoamt entspricht dem Typ 99. Die grundlegend überarbeitete Feuerleitanlage überträgt u. a. Zieldaten vom Kommandanten auf den Richtschützen. Das Panoramavisier des Kommandanten verfügt über einen neuen Nacht-Wärmebildkanal. Die Feuerleitanlage verfügt über zwei Masten mit meteorologischen Sensoren, ein dynamisches System zur Messung der Rohrhbiegung und wahrscheinlich ein System zur Identifizierung von Freund und Feind. Der Arbeitsplatz des Kommandanten verfügt über zwei große Multifunktionsmonitore, von denen einer Informationen der Feuerleit- und der aktiven Verteidigungsanlage anzeigt, während der andere Informationen über die Funktion der übrigen Betriebsanlagen und über das Zielgerät des Richtschützen anzeigt. Der Richtschütze verfügt über einen eigenen Multifunktionsmonitor.

Auch im Motor- und Getrieberaum des Panzers wurden einige Änderungen vorgenommen. So

Hervorragende Aufnahme eines Kampfpanzers Typ 99A beim Feuern. Die Treffgenauigkeit verbesserte eine moderne Feuerleitanlage.

Der Typ 99A musste während der Erprobung seine technische Zuverlässigkeit unter Wüstenbedingungen ebenso unter Beweis stellen…

…wie unter harten Winterverhältnissen.

Der Typ 99A2 verfügt über zusätzliche reaktive Panzerung.

wurde der Dieselmotor MB871Ca500 mit 1500 PS im Unterschied zum Typ 99 nicht längs, sondern quer verbaut, wodurch sich die Länge der Wanne leicht reduzieren ließ. Da der erhöhte Panzerschutz einen Anstieg des Gefechtsgewichts auf 58 t bewirkte, die Motorleistung aber unverändert blieb, ergaben sich bei der Beweglichkeit leichte Einschränkungen. Das gestiegene Gefechtsgewicht erforderte auch Änderungen am Fahrwerk, dessen Aufbau jedoch im Großen und Ganzen gleich blieb: Drehstabfederung mit hydraulischen Stoßdämpfern, sechs Lauf- und vier Stützrollen pro Seite, Antriebsrad hinten, Leitrad vorn. Nach Angaben des chinesischen Militärs entspricht der Gefechtswert des Typ 99A2 mindestens dem US-amerikanischen Abrams M1A2, dem deutschen Leopard 2A7 und dem russischen T-90M. Unabhängige Militärexperten stellten jedoch einen unzureichenden Panzerschutz der Wannenseiten fest, der wahrscheinlich von panzerbrechenden Geschossen automatischer Geschütze Kaliber 30–40 mm aus weniger als 1000 m Entfernung durchschlagen wird. Die Frontpanzerung schützt gegen japanische, südkoreanische und indische Unterkalibergranaten, nicht aber gegen US-amerikanische M829-A3- und M829-A4-Granaten. Auch für deutsche DM63 und russische 3BM59/3BM60 „Lead-1"/ „Lead 2" stellt sie wahrscheinlich kein allzu großes Problem dar. Unter Berücksichtigung seines Schutzes gegen Lenkraketen widersteht der Typ 99A2 nicht nur an der Turmfront, sondern auch an Seiten älteren Panzerabwehrlenkwaffen wie etwa „Milan", die beispielsweise bei den indischen Streitkräften in Dienst steht. Gegen von oben kommende moderne Lenkwaffen wie „Javelin" oder „Spike" bietet der Typ 99A2 hingegen keinen Schutz.

Technische Angaben Kampfpanzer Typ 99A2	
Besatzung, Personen	3
Gefechtsgewicht, t	58
Abmessungen, mm:	
Wannenlänge	6900
Länge Kanone 12 Uhr	10.000
Breite	3300 (3700)
Höhe	2350
Bewaffnung (Kaliber), mm:	
Kanone	125
Maschinengewehr	1 x 7,62; 1 x 12,7
Kampfbeladung, Schuss:	
Kanone	42
Maschinengewehr	3000 x 7,62 mm; 300 x 12,7 mm
Motorleistung, PS	1500
Höchstgeschwindigkeit, km/h	60–70
Fahrbereich, km	600

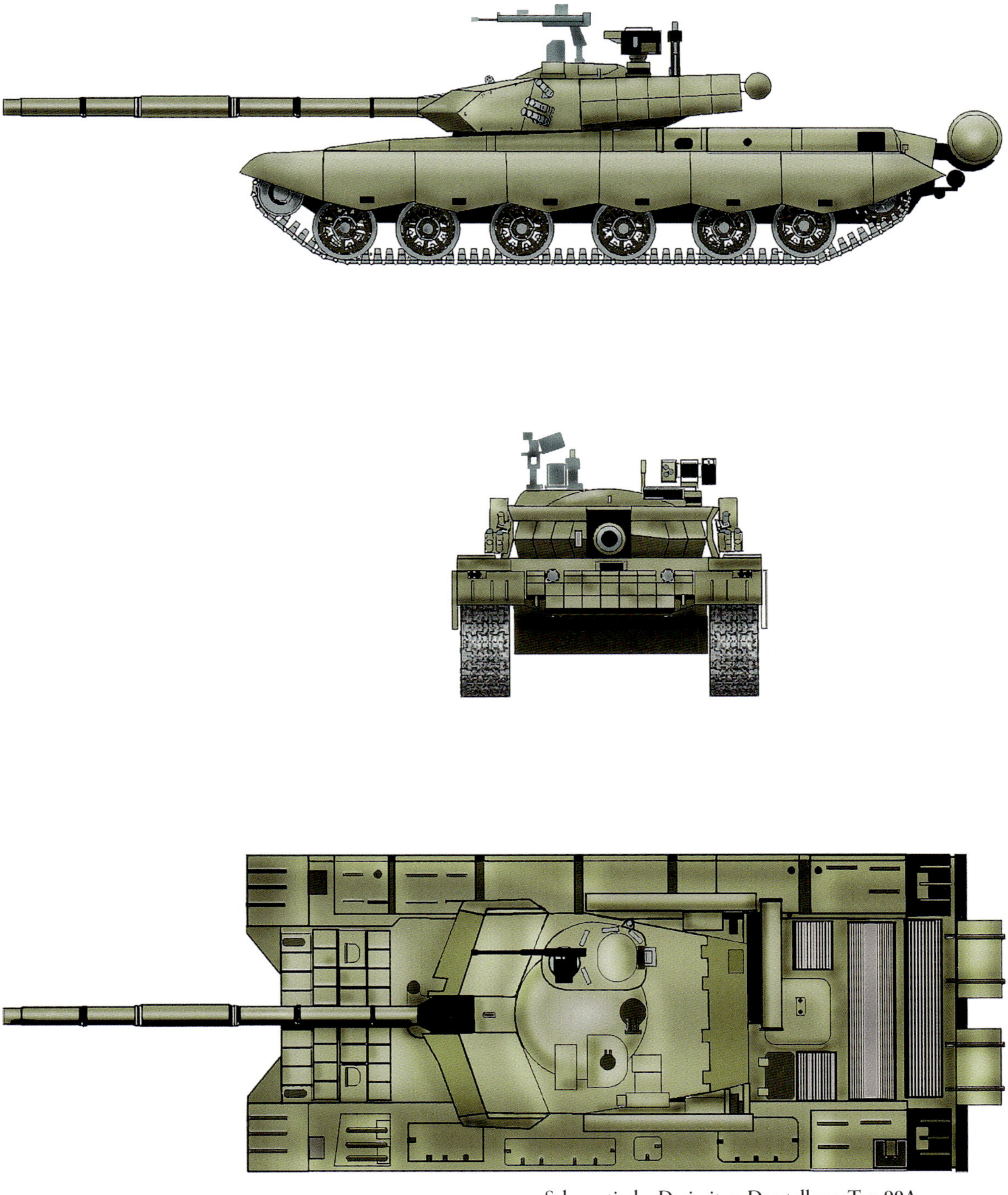

Schematische Dreiseiten-Darstellung Typ 99A.

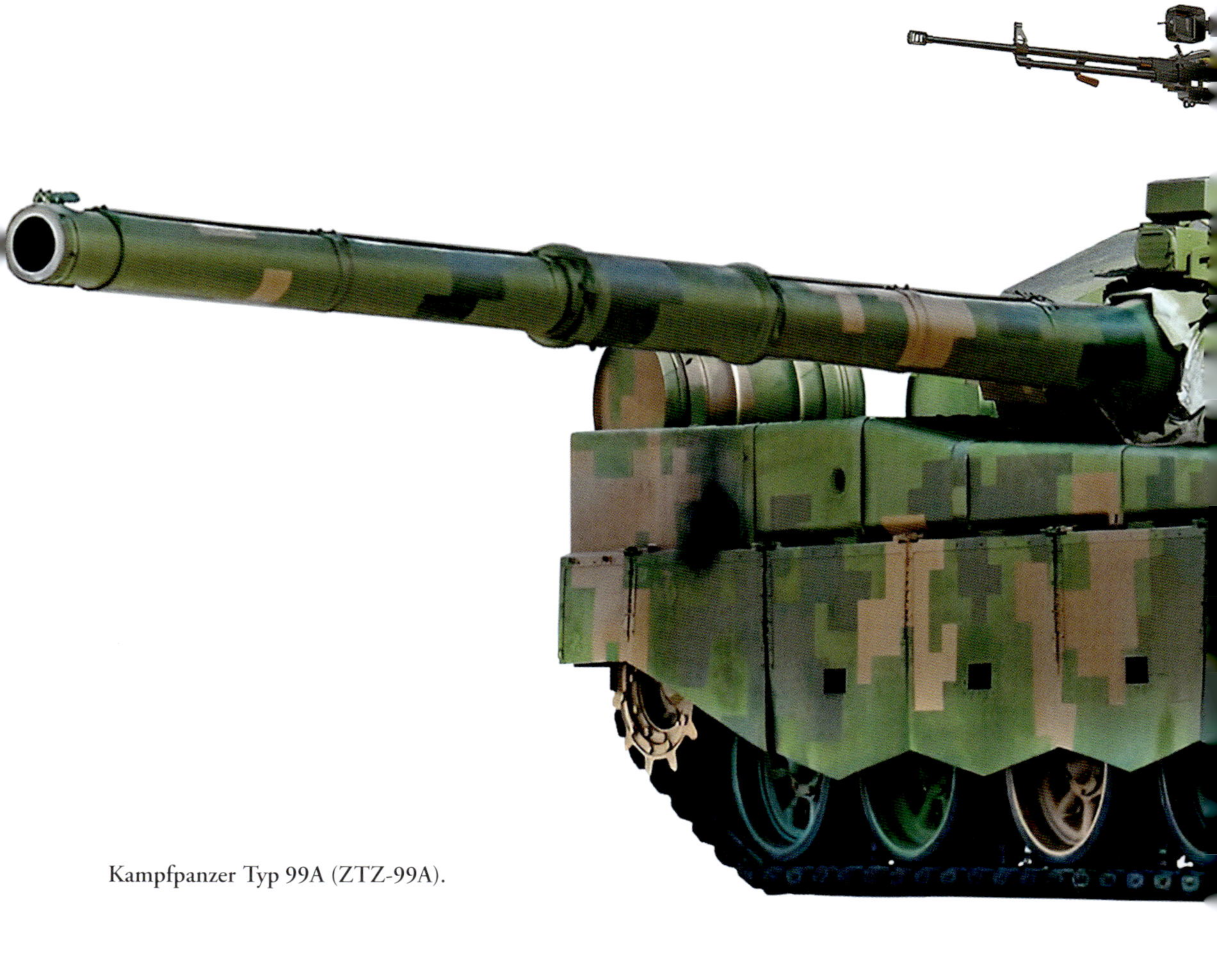

Kampfpanzer Typ 99A (ZTZ-99A).

Kampfpanzer „Jaguar“

Der Kampfpanzer Jaguar wurde 1989 im Rahmen eines gemeinsamen amerikanisch-chinesischen Projekts zur Entwicklung eines relativ kostengünstigen und einfachen Fahrzeugs für den Export entwickelt. Auf chinesischer Seite war die China National Machinery Import and Export Corporation (CMEC) an dem Projekt beteiligt, auf amerikanischer Seite die Firma Textron Marine and Land Systems. Im Wesentlichen handelte es sich um eine radikale Modernisierung der chinesischen Kampfpanzer Typ 59 und Typ 69, wiederum Nachbauten der sowjetischen T-54 und T-55. Der gemeinsam entwickelte Kampfpanzer erhielt den Namen „Jaguar“. Bei der Entwicklung kümmerten sich die Chinesen um Wanne und Fahrwerk, die Amerikaner um Drehturm und Bewaffnung. Da China schon jede Menge Typ 59 und Typ 69 in die Dritte Welt exportierte, lag die Wahl mit dem Fahrgestell Typ 69 nah. Dieses Fahrwerk hatte sich in vielen

Technische Angaben Kampfpanzer „Jaguar“	
Besatzung, Personen	4
Gefechtsgewicht, t	42
Abmessungen, mm:	
Wannenlänge	6000
Länge Kanone 12 Uhr	9600
Breite	3270
Höhe	2630
Bewaffnung (Kaliber), mm:	
Kanone	105
Maschinengewehr	1 x 7,62; 1 x 12,7
Kampfbeladung, Schuss:	
Kanone	34
Maschinengewehr	3500 x 7,62 mm; 600 x 12,7 mm
Motorleistung, PS	750
Höchstgeschwindigkeit, km/h	55
Fahrbereich, km	540

Kampfpanzer „Jaguar“ – nach der Fahne und der Sauberkeit des Fahrzeugs zu urteilen bei einer Waffenschau für Gäste.

Ländern als äußerst zuverlässig erwiesen, war darum ein gutes Verkaufsargument, und darum sollte es auch der „Jaguar" bekommen. Auch die Amerikaner erfanden das Rad nicht neu und konstruierten den „Jaguar"-Turm auf Grundlage des leichten Kampfpanzers „Stingray". Das „Jaguar"-Fahrgestell unterschied sich nur in einigen Details vom Typ 69. Beispielsweise wurden zur Erhöhung des Schutzniveaus zusätzliche Panzerstahlplatten an den Seiten und an der Front angebracht, außerdem Stahl- oder Gummischürzen für das Laufwerk. Generell erhielt das Fahrgestell durch den glatten vorderen Teil der Wanne und die Abschirmungen ein ungewöhnlich „futuristisches" Aussehen. Die Hauptbewaffnung stellte die 105-mm-Zugrohrkanone M68, eine lizenzierte Kopie des britischen L7-Geschützes, das als eines der besten seiner Art galt. Der Höhenrichtbereich beträgt beim „Jaguar" –4 bis +17°. Den Hauptgeschosstyp bildet ein panzerbrechendes Unterkalibergeschoss mit einer Mündungsgeschwindigkeit von etwa 1500 m/s. Damit beträgt die Rohrlebensdauer allerdings nur 300 bis 350 Schuss. Zur Kanone kamen ein koaxiales 7,62-mm-Maschinengewehr und ein 12,7-mm-Flugabwehr-Maschinengewehr auf dem Turm. Die Wahl des Zweitbewaffnung stand dem Käufer frei. Unabhängig davon bestand die Kampfbeladung aus bis zu 3500 Schuss Munition für das Koaxial- und bis zu 600 Schuss für das Fla-MG. Natürlich stammten auch die DFCS-Feuerleitanlage mit ballistischem Rechner, die Ziel-, Sicht- und Nachtsichtgeräte für Kommandant und Richtschütze vom „Stingray".

Der Kampfpanzer „Jaguar" verfügt über eine 105-mm-Kanone mit gezogenem Rohr.

Der Kampfpanzer „Jaguar" war ein Gemeinschaftsprojekt von Rotchinesen und US-Amerikanern, das aus politischen Gründen scheiterte.

Kampfpanzer „Jaguar", Seitenansicht.

Der verstärkte Panzerschutz erhöhte das Gefechtsgewicht des „Jaguar" im Vergleich zum Typ 69 auf 41–42 t. Aus diesem Grund wurden Änderungen am Antrieb vorgenommen. Anstelle einer chinesischen Kopie des sowjetischen W-55-Dieselmotors erhielt der „Jaguar" einen US-amerikanischen Detroit-Diesel 8V-92TA zu 750 PS. Das drehstabgefederte und mit Hydraulikstoßdämpfern versehene Laufwerk mit fünf Laufrollen je Seite entsprach fast vollständig dem Typ 69. Ebenso behielt das „Jaguar"-Laufwerk das charakteristische Merkmal aller auf dem sowjetischen T-55 basierenden Fahrzeuge bei – den größeren Abstand zwischen der ersten und zweiten Laufrolle. Die Laufrollen erhielten neue Gummibereifung und die Ketten Gummipolster. Das „Jaguar"-Projekt hatte gute Chancen, erfolgreich realisiert zu werden. 1988 erhielt China zwei Türme aus den Vereinigten Staaten und begann mit der Montage von zwei Prototypen. Dann kam die große Politik dazwischen. Nach den Ereignissen 1989 auf dem Platz des Himmlischen Friedens in Peking stellte die US-Regierung jegliche militärisch-technische Zusammenarbeit mit der VR China ein. Was die Chinesen nicht daran hinderte, die beiden Prototypen fertigzustellen und zu erproben. Die erwarteten Leistungen wurden voll bestätigt, allerdings auch Mängel festgestellt. Die chinesische Firma SMES versuchte einige Zeit lang, einen eigenen „Jaguar"-Turm zu entwickeln und zu vermarkten, war aber nicht in der Lage, auch nur eine Kopie des amerikanischen Turms zu fertigen. In Ermangelung eines geeigneten Turms und der Unmöglichkeit der Weiterentwicklung wurde das Projekt Kampfpanzer „Jaguar" eingestellt.

Kampfpanzer „Jaguar", Bugansicht.

Kampfpanzer VT-1 (MBT-2000, „Al-Khalid")

Im Januar 1990 unterzeichnete das Unternehmen Norinco eine Vereinbarung mit der pakistanischen Firma Heavy Industries Taxila über die Entwicklung eines Kampfpanzers auf Grundlage des Typ 90-II für die pakistanische Armee. Das Projekt erhielt die Bezeichnung MBT-2000 VT-1 (MBT = *Main Battle Tank;* Kampfpanzer). Das Fahrzeug wurde auch unter dem pakistanischen Namen „Al-Khalid" bekannt. Die in China hergestellten Prototypen wurden ab August 1991 in Pakistan erprobt. Im darauffolgenden Jahr wurde der Bau der Produktionsanlage für den MBT-2000 in Pakistan abgeschlossen. Aber es dauerte weitere acht Jahre, bis die Entwicklung des Panzers abgeschlossen und seine Serienfertigung organisiert waren. Das erste Los von 15 Panzern der endgültigen Bauausführung MBT-2000 VT-1A ging am 20. Juli 2001 ans 31. Kavallerieregiment des pakistanischen Heeres. Insgesamt sollte die pakistanische Panzertruppe 600 „Al-Khalid" erhalten; ungefähr 150 weitere Fahrzeuge gingen an Bangladesch, Marokko und Myanmar (Birma). Wie sein Vorbild Typ 90-II ist der MBT-2000 VT-1A nach dem klassischen Schema aufgebaut. Die dreiköpfige Besatzung besteht aus Kommandant sowie Richtschütze im Drehturm und Fahrer im Wannenbug. Motor und Getriebe sitzen im Heck. Wanne und Turm bestehen aus geschweißten

Kampfpanzer VT-1A (MBT-2000) im Dienst der Streitkräfte von Bangladesch.

Chinesischer VT-1A.

Panzerplatten. Die obere Wannenfront erhielt eine gemischte Verbund-/Reaktivpanzerung. Reaktive Module bedecken auch die Turmfront. Die Hauptbewaffnung besteht aus einer 125-mm-Glattrohrkanone mit Rauchabsauger und Ladeautomat, dessen Karussell 22 Geschosse aufnimmt. Weitere 17 befinden sich in der Wanne. Die Kanone kann auch Rohrraketen des russischen Typs 9M119 „Reflex" oder deren chinesische Kopien abfeuern. Die Zusatzbewaffnung umfasst ein koaxiales 7,62-mm-Maschinengewehr mit 3000 Schuss und ein 12,7-mm-Flugabwehr-Maschinengewehr W-85 (500 Schuss) auf einem Sockel vor der Kommandantenluke. Die fortschrittliche Ziel- und Feuerleitanlage setzt sich aus folgenden Hauptteilen zusammen:

- digitaler Flugbahnrechner;
- Bedienfeld;
- Periskopvisier des Richtschützen mit unabhängig stabilisierter Ziellinie in zwei Ebenen, ausgestattet mit Wärmebildkamera, eingebautem Laserentfernungsmesser und automatischer Zielverfolgung;
- Periskopisches kombiniertes Panoramazielgerät für den Panzerkommandanten;
- Display des Panzerkommandanten;
- Zweiachsen-Stabilisator.

Die Hauptwaffe kann sowohl der Richtschütze als auch der Kommandant bedienen.

Drei Prototypen des MBT-2000 dienten der Erprobung unterschiedlicher Motor-Getriebe-Baugruppen. Der erste bekam einen deutschen Diesel MTU 396 und ein Renk-Automatikgetriebe LSG 3000; der zweite einen britischen Dieselmotor CV-12-1200TCA und ein französisches hydromechanisches Automatikgetriebe ESM-500, und der dritte einen ukrainischen Dieselmotor 6TD-2 samt hydromechanischem Automatikgetriebe. Unter Berücksichtigung zahlreicher politischer Aspekte fiel die Wahl auf die ukrainische Lösung mit Zweitakt-Sechszylinder-Vielstoffdiesel 6TD-2 mit Turboaufladung und 1200 PS Höchstleistung. Der Motor zeichnet sich durch seine Kompaktheit aus und kann mit verschiedenen Kraftstoffen betrieben werden. Das drehstabgefederte Laufwerk des MBT-2000/„Al-Khalid" weist je Seite sechs Lauf- und vier Stützrollen auf; Antriebrad hinten, Leitrad vorn. Hydraulische Stoßdämpfer kommen ihrer Aufgabe an den am stärksten belasteten

Kampfpanzer VT-1A bei einer Militärparade in Peru.

Laufwerksteilen an den ersten beiden und letzten Laufradaufhängungten nach. Die Stahlgelenkkette erhielt Gummipolster. Das Fahrzeug zeichnet sich durch hohe Beweglichkeit aus. Auf befestigten Straßen erreicht es eine Höchstgeschwindigkeit von 70 km/h. Im Gelände bewältigt es bis zu 2,7 m breite Gräben, bis zu 0,85 m hohe senkrechte Hindernisse und bis zu 1,4 m tiefe Gewässer. Der Fahrbereich beträgt 400 km, mit zusätzlichen Außentanks sogar 500 km.

Technische Angaben Kampfpanzer VT-1A	
Besatzung, Personen	3
Gefechtsgewicht, t	48
Abmessungen, mm:	
Wannenlänge	6950
Länge Kanone 12 Uhr	10.350
Breite	3372
Höhe	2300
Bewaffnung (Kaliber), mm:	
Kanone	125
Maschinengewehr	1 x 7,62; 1 x 12,7
Kampfbeladung, Schuss:	
Kanone	39
Maschinengewehr	3000 x 7,62 mm; 500 x 12,7 mm
Motorleistung, PS	1200
Höchstgeschwindigkeit, km/h	70
Fahrbereich, km	400/500

Kampfpanzer VT-1 (MBT 2000) in farbenfrohem Tarnanstrich.

Kampfpanzer VT-2

2012 stellte Norinco auf der Waffenmesse DSA-2012 in Malaysia erstmals ein Modell des neuen Export-Kampfpanzers VT-2 vor. Es wurde berichtet, dass dieser Panzer auf dem gemeinsamen chinesisch-pakistanischen Kampfpanzer MBT-2000 basiere und eine Weiterentwicklung seiner Varianten VT-1 und VT-1A sei. Der Panzer ist nicht so ausgeklügelt und kostenintensiv wie andere moderne westliche und russische Kampfpanzer, aber in seiner Konstruktion kamen viele moderne Technologien zur Verwendung. Die ersten Lieferungen des VT-2 gingen an Tansania, wo sie am 9. Dezember 2021 in Daressalam an einer Parade teilnahmen. Die dreiköpfige Besatzung des VT-2 setzt sich aus Kommandant und Richtschütze rechts und links der Kanone im Drehturm und Fahrer links im Wannenbug zusammen. Wanne und Turm bestehen aus geschweißten Panzerplatten und Verbundpanzerungselementen. Die Wannen- und Turmfront sowie Turmseiten weisen zusätzliche Reaktivpanzerungsmodeule auf. Die Module sind so am Turm montiert, dass sie zugleich Körbe für den Transport von Ausrüstung bilden. Darüber hinaus verfügt der VT-2 über eine ABC-Abwehr-, eine Nebelwurf- sowie eine automatische Feuerlöschanlage. Die Hauptbewaffnung besteht aus einer 125-mm-Glattrohrkanone mit Rauchabsorber und Ladeautomat. Sie verschießt sämtliche chinesische und russische 125-mm-Munition. Die Kampfbeladung umfasst 40 Schuss. Zur Bekämpfung gepanzerter Ziele auf große Entfernungen (bis zu 5000 m) dienen Rohr-Panzer-

Technische Angaben Kampfpanzer VT-2	
Besatzung, Personen	3
Gefechtsgewicht, t	42,8
Abmessungen, mm:	
Länge mit Kanone 12 Uhr	10.490
Breite	3480
Höhe	2340
Bewaffnung (Kaliber), mm:	
Kanone	125
Maschinengewehr	1 x 7,62; 1 x 12,7
Kampfbeladung, Schuss:	
Kanone	39
Maschinengewehr	3000 x 7,62 mm; 500 x 12,7 mm
Motorleistung, PS	800
Höchstgeschwindigkeit, km/h	57–59
Fahrbereich, km	500

Kampfpanzer VT-2 der tansanischen Streitkräfte auf dem Weg zu einer Parade in Dar-es-Salaam am 9. Dezember 2021. Tansania war der erste Käufer des für den Export bestimmten Modells.

abwehrlenkraketen des Typs GP125 (chinesischer Nachbau der sowjetischen 9M119).

Die Zweitbewaffnung besteht aus einem koaxialen 7,62-mm-Maschinengewehr und einem 12,7-mm-Flugabwehr-Maschinengewehr an der Kommandantenluke. Auf Kundenwunsch lässt sich die Fla-Waffe durch ein ferngesteuertes Kampfmodul ersetzen. Im Unterschied zum VT-1A erhielt der VT-2 anstelle des ukrainischen 6TD-2 einen chinesischen Dieselmotor, der zwar nur eine Höchstleistung von 800 PS (statt 1200 PS des 6TD-2) bringt, diesem aber bezüglich Zuverlässigkeit und Wartungsaufwand überlegen ist. 2018 wurde der modernisierte VT-2B erstmals auf der Rüstungsmesse „AirShow China" in Zhuhai der Öffentlichkeit vorgeführt. Die Feuerleitanlage umfasst ein kombiniertes Visiersystem für den Richtschützen mit Wärmebild- und Laserentfernungsmesskanälen in Verbindung mit einem Zielverfolgungssystem. Dies ermöglicht es der Besatzung des VT-2B, bewegliche Ziele mit hoher Ersttreffer-Wahrscheinlichkeit zu bekämpfen. Einen erheblichen Nachteil stellt jedoch das Fehlen einer

VT-2 bei der Erprobung.

Der VT-2 verfügt über eine dreiköpfige Besatzung und eine 125-mm-Glattrohrkanone.

Panoramaziel- und Beobachtungsanlange für den Kommandanten dar, wodurch dieser Panzer nicht in der Lage ist, die übergreifende Zielerfassungs- und Richtfunktion von Panzerführer und Richtschützen zu nutzen, wie sie bei den meisten modernen Kampfpanzern vorhanden ist und eine schnellere Zielerfassung und -bekämpfung ermöglicht.

Der Motor-/Getrieberaum im Heck beherbergt einem modernen Dieselmotor 12150L7BW chinesischer Bauart zu 800 PS und ein Schaltgetriebe. Das Laufwerk des VT-2B entspricht dem VT-2 – sechs Lauf- und vier Stützrollen je Seite; Antriebsrad hinten, Leitrad vorn, Stahlkette mit Gummipolstern. Auf befestigter Straße erreicht der VT-2B eine Höchstgeschwindigkeit von 57 km/h. Er überschreitet bis zu 2,7 m breite Gräben, überklettert bis zu 0,85 m hohe senkrechte Hindernisse und durchfurtet bis zu 1,4 m tiefe Wasserhindernisse. Mit Tauchausrüstung kann er bis zu 5 m tiefe Gewässer durchwaten.

Kampfpanzer VT-2, Bugansicht.

Kampfpanzer VT-4 (MBT-3000)

Norinco beschäftigte sich ab 2012 mit der Entwicklung des neuen Export-Kampfpanzers MBT-3000. Die Notwendigkeit eines solchen Fahrzeugs ergab sich aus dem Angebot des russischen T-90 auf den Waffenmärkten, der neben einem akzeptablen Preis auch eine Reihe technischer Vorteile gegenüber chinesischen Kampfpanzern aufwies. Der MBT-3000 basiert auf dem VT-1A und Typ 99G. Zudem setzte Norinco einige fortschrittliche technische Lösungen um, die in den damals neuesten chinesischen und ausländischen Kampfpanzern realisiert worden waren. Im August 2014 stellte der Staatskonzern die Bauausführung VT-4 des MBT-3000 vor. Die äußere Gestalt entsprach modernen Vorstellungen eines Kampfpanzers und zugleich der klassischen Aufteilung, die wir hier nicht zum x-ten Mal wiederholen wollen. Wanne und Turm sind geschweißt und verwenden Mehrschichtpanzerung, ergänzt um reaktive Schutzmodule an Wanne und Turmfront. An Heck von Wanne und Turm befinden sich zusätzliche Abstandsgitter gegen Hohlladungen. Die Standardbewaffnung übernahm der MBT-3000 VT-4 von anderen chinesischen Kampfpanzertypen. Da

Technische Angaben Kampfpanzer VT-4	
Besatzung, Personen	3
Gefechtsgewicht, t	51
Abmessungen, mm:	
Länge mit Kanone 12 Uhr	10.100
Breite	3500
Höhe	2300
Bewaffnung (Kaliber), mm:	
Kanone	125
Maschinengewehr	1 x 7,62; 1 x 12,7
Kampfbeladung, Schuss:	
Kanone	38
Maschinengewehr	3000 x 7,62 mm; 500 x 12,7 mm
Motorleistung, PS	1300
Höchstgeschwindigkeit, km/h	70
Fahrbereich, km	500

wäre zum einen die 125-mm-Glattrohrkanone ZPT-98, eine chinesischen Kopie der russischen 2A46M. Sie verdaut sowohl russische als auch chinesische Gefechtsmunition mit unterschiedlichen Geschossen und wird von einem Ladeautomaten gefüttert. Letzter beschleunigt nicht nur die Schussfolge, sondern erlaubt auch eine nur dreiköpfige Besat-

Kampfpanzer VT-4 (MBT-3000), Buganansicht.

zung. Die Kampfbeladung besteht aus 38 Schuss, davon 22 im Ladekarussell; der Rest im Stauraum der Wanne. Außerdem verschießt die Kanone Rohr-Panzerabwehrraketen GP125, eine chinesische Kopie der russischen 9M119 mit bis zu 5 km Reichweite. Die Zweitbewaffnung besteht aus dem üblichen koaxialen 7,62-mm-Maschinengewehr und dem 12,7-mm-Flugabwehr-Maschinengewehr auf dem Turm. Der VT-4 unterscheidet sich von älteren MBT-3000-Ausführungen durch das ferngesteuerte Kampfmodul, mit dem die Besatzung das Fla-MG geschützt aus dem Turm heraus einsetzen kann. Die jüngsten bewaffneten Konflikte haben wiederholt gezeigt, wie notwendig es ist, Panzer mit einer solchen Ausrüstung zu versehen. Die Nebelmittelwurfanlage zählt zwölf Wurfbecher. Der Kampfraumbesatzung steht eine moderne digitale Feuerleitanlage zur Verfügung. Ein großes Display zeigt dem Kommandanten alle wichtigen Informationen an.

Kampfpanzer VT-4 (MBT-3000) während der Erprobung.

Der VT-4 (MBT-3000) übernahm seine 125-mm-Glattrohrkanone von anderen chinesischen Kampfpanzertypen.

Kampfpanzer VT-4 (MBT-3000), Heckansicht.

Das Panoramavisier des Kommandanten und das Visier des Richtschützen sind stabilisiert und mit Wärmebildkameras der zweiten Generation ausgestattet. Außerdem gibt es ein Freund-/Feind-Kenngerät. Die Anlagen von Kommandant und Richtschütze sind eng verzahnt. Im Heck verrichtet ein wassergekühlter Diesel mit Turbolader und 1300 PS seine Arbeit, der in China unter Verwendung ausschließlich chinesischer Komponenten hergestellt wird. Das torsionsgefederte Laufwerk mit Hydraulik-Stoßdämpfern zeigt je Seite sechs Lauf- und vier Stützrollen. Die Gleiskette weist Gummidämpfer auf. Die Fahrwerksseiten lassen sich mit abnehmbaren Stahlschürzen bestücken. Auf befestigter Straße erreicht der VT-4 eine Höchstgeschwindigkeit von 70 km/h und bewältigt im Gelände bis zu 2,7 m breite Gräben, bis zu 0,85 m hohe senkrechte Hindernisse und bis zu 1,0 m tiefe Gewässer. Der Fahrbereich liegt bei 500 km.

Kampfpanzer VT-4 (MBT-3000), linke Seitenansicht mit Turm 9 Uhr.

Leichter Kampfpanzer Typ 15 (ZTQ-15)

Anfang der 2010er-Jahre entwickelte Norinco einen so genannten „Gebirgspanzer" für Einsätze in besonders unwegsamem und gebirgigem Gelände, das bekanntermaßen ganz besondere Anforderungen an gepanzerte Fahrzeuge stellt. Der Panzer ging 2016 unter der Bezeichnung Typ 15 in Serie. Im Dezember 2018 wurde offiziell bekannt gegeben, das Fahrzeug sei bei der VBA unter der Bezeichnung ZTQ-15 in Dienst gestellt worden. Der Typ 15 wurde als leichter Kampfpanzer klassifiziert, obwohl er bei 33–36 t Gefechtsgewicht eigentlich als mittlerer Panzer hätte eingestuft werden müssen. Anfang 2022 verfügten die Panzerverbände der VBA über 500 ZTQ-15. Weitere 20 Fahrzeug fanden sich im Bestand der Marineinfanterie und weitere beim Luftlandekorps. Bei der Entwicklung des Typ 15 kam es den Norinco-Ingenieuren auf hohe taktische Beweglichkeit

Technische Angaben Leichter Kampfpanzer Typ 15	
Besatzung, Personen	3
Gefechtsgewicht, t	33–36
Abmessungen, mm:	
Wannenlänge	7500
Länge mit Kanone 12 Uhr	9200
Breite	3300
Höhe	2500
Bewaffnung (Kaliber), mm:	
Kanone	105
Maschinengewehr	1 x 7,62; 1 x 12,7
Kampfbeladung, Schuss:	
Kanone	35
Maschinengewehr	3000 x 7,62 mm; 500 x 12,7 mm
Motorleistung, PS	1000
Höchstgeschwindigkeit, km/h	70
Fahrbereich, km	469

Der leichte Kampfpanzer Typ 15 ging vor allem an Panzerverbände in gebirgigen Regionen, an die Marineinfanterie und an die Luftlandetruppen.

Leichter Kampfpanzer Typ 15, Seitenansicht.

bei möglichst geringem Bodendruck in bergigem Gelände sowie der dünnen Luft in Hochgebirgslagen wie Tibet an. Wanne und Drehturm bestehen aus verschweißten Panzerblechen. Um das Gewicht möglichst niedrig zu halten, kam nur eine verhältnismäßig dünne Panzerung zur Anwendung, die lediglich panzerbrechenden Handwaffengeschossen und Granatsplittern standhält. Soll der Typ 15 aber in offenem Gelände bei starker feindlicher Panzerabwehr eingesetzt werden, lässt er sich mit zwei Sätzen zusätzlicher Panzerung schützen. Der erste Satz besteht aus Verbundpanzerplatten für Turm und Wannenseiten. Der Zusatzschutz für die Wannenfront besteht aus Blöcken leichter Reaktivpanzerung. Der zweite Satz umfasst Reaktivmodule, die auf Panzerplatten aus Verbundwerkstoff montiert sind und an Wannen- und Turmseiten angebracht werden. Zusätzlichen Schutz bieten Laserstrahldetektoren, die automatisch eine Nebelwand aus Aerosol-Rauchgranaten auslösen, die den Panzer vor gegnerischen Laserleitsystemen verbirgt. Die Hauptbewaffnung bildet eine gezogene 105-mm-Kanone, eine chinesische Version der britischen L7-Kanone von Royal Ordnance. Die zweiachsig stabilisierte Waffe lädt

Leichter Kampfpanzer Typ 15, rechte Bugansicht.

über einen Ladeautomaten. Die Kampfbeladung von 38 Schuss wird aus dem hinteren Stauraum des Turms automatisch zugeführt. Sie umfasst alle wichtigen Geschosstypen sowie Rohrraketen. Die Reichweite der Geschosse beträgt bis zu 3 km, die der Raketen bis zu 5 km. Bekanntermaßen können panzerbrechende 105-mm-Unterkalibergeschosse die Panzerung modernerer Kampfpanzer nicht mehr durchschlagen. Aus eben diesem Grund führt der Typ 15 Rohr-Panzerabwehrlenkraketen mit Tandemsprengköpfen mit. Diese Raketen verfügen über Infrarot-Zielsuche und können auch niedrig fliegende Hubschrauber bekämpfen. Die Zusatzbewaffnung umfasst ein koaxiales 5,8-mm-Maschinengewehr, ein 12,7-mm-Maschinengewehr QJSC-88 und eine 35-mm-Granatmaschinenwaffe QLZ-04. Letztere befinden sich in einem ferngesteuerten Kampfmodul auf dem Turmdach. Des Weiteren erhielt der Typ 15 eine hochmoderne Feuerleitanlage, welche die Zielsuche und -auffassung zu jeder Tageszeit sowie deren Bekämpfung mit Standardwaffen ermöglicht. Zum System gehören ein Laserentfernungsmesser, ein Flugbahnrechner, meteorologische Sensoren, ein Wärmebildzielgerät für den Richtschützen, ein Millimeter-Radar und ein Panoramavisier für den Panzerkommandanten. Zur Standardausrüstung gehören ferner eine Klimaanlage, eine Sauerstoff-Erzeugungsanlage für den Einsatz in großen Höhen und eine Navigationsanlage mit Trägheits- und Satellitennavigationssystemen. Für den Antrieb sorgt ein 1000-PS-Dieselmotor mit elektronischer Steuerung sowie hydromechanischem Getriebe. Bei maximalem Gefechtsgewicht beträgt die spezifische Leistung mehr als 27,7 PS pro Tonne, was eine hohe Mobilität gewährleistet. Die Höchstgeschwindigkeit auf befestigten Straßen beträgt 70 km/h.

Leichte Kampfpanzer Typ 15 auf einer Parade.

Der leichte Kampfpanzer Typ 15 hat 33–36 t Gefechtsgewicht und führt eine 105-mm-Kanone. Der dreiköpfigen Besatzung steht für Gebirgseinsätze in großen Höhen eine Sauerstoffanlage zur Verfügung.

Leichter Kampfpanzer VT-5

Den für den Export geschaffenen leichten Kampfpanzer VT-5 stellte Norinco erstmals auf der Waffenmesse „AirShow China 2016" in Zhuhai vor. Wie der Typ 15 wird der VT-5 als „Gebirgspanzer" eingestuft, der aufgrund seines geringen Gewichts erfolgreich in bergigem Gelände und extremen Höhenlagen eingesetzt werden kann. Es soll sich um einen der modernsten leichten Kampfpanzer der Welt handeln. Als erster Auslandskäufer trat die Republik Bangladesch in Erscheinung; 2019 bestellte sie 44 Fahrzeuge. Obwohl der Panzer für den Export bestimmt ist, gibt es Berichte über seine Verwendung bei chinesischen Panzereinheiten im Militärbezirk Xinjiang und bei der Marineinfanterie. Der Panzer mit Drehturm und dreiköpfiger Besat-

Technische Angaben Leichter Kampfpanzer Typ 5	
Besatzung, Personen	3
Gefechtsgewicht, t	36
Abmessungen, mm:	
Wannenlänge	7500
Länge mit Kanone 12 Uhr	9200
Breite	3300
Höhe	2500
Bewaffnung (Kaliber), mm:	
Kanone	105
Maschinengewehr	1 x 7,62; 1 x 12,7
Kampfbeladung, Schuss:	
Kanone	38
Maschinengewehr	2250 x 7,62 mm; 500 x 12,7 mm
Motorleistung, PS	1000
Höchstgeschwindigkeit, km/h	70
Fahrbereich, km	400

Der leichte Kampfpanzer VT-5 wurde für den Export geschaffen und gilt wie der Typ 15 als „Gebirgspanzer".

Leichter Kampfpanzer VT-5, Bugansicht.

zung ist nach dem klassischen Schema aufgebaut – Fahrer vorn, Kommandant und Richtschütze in der Mitte (Kampfraum Drehturm); Motor und Getriebe im Heck. Wanne und Turm des VT-5 bestehen aus verschweißten Panzerblechen. Der Panzerschutz lässt sich durch modulare Schutzpakete verstärken, die je nach Einsatzzweck installiert werden. Dieser zusätzlicher Schutz kann aus Verbundpanzerungs- und/oder reaktiven Modulen bestehen. Das auf der „AirShow China" gezeigte Modell wies außerdem Abstandsgitter an Turm und Wanne auf, die einen höheren Schutz gegen Panzerfäuste und ähnliche Waffen mit Hohlladungsgefechtsköpfen bieten.
Im Vergleich zum Typ 15 und anderen schwereren Kampfpanzern wurde die Überlebensfähigkeit durch eine kompaktere Bauweise und ein niedrigeres Profil verbessert. Die Hauptbewaffnung besteht aus einer 105-mm-Zugrohkanone mit Rauchabsauger und Wärmeschutzmantel, die sämtliche 105-mm-Standardmunition der NATO verschießen kann – Unterkaliber-, Hohlladungs- und Sprenggeschosse. Die Kampfbeladung umfasst 38 Granatpatronen, von denen sich 16 im Ladeautomaten befinden; der Rest in Turmhalterungen. Nicht zu vergessen einige Rohrraketen des russischen Typs 9K116-3 „Basnija". Die effektive Schussweite der Granaten beträgt 3 km, die der Lenkflugkörper 5 km. Kommandant und Richtschütze sind mit einem stabilisierten Tag/Wärmebildvisier mit Laserentfernungsmesser ausgestattet. Der Kommandant verfügt über ein Panoramavisier mit Zielmarkierungsfunktion. Als Zweitbewaffnung verfügt der VT-5 über ein koaxiales 7,62-mm-Maschinengewehr und ein 12,7-mm-Fla-MG auf dem Turmdach. Außerdem gibt es zwei Nebelmittelwurfanlagen zu je sechs Wurfbechern und auf Wunsch des Kunden lässt sich zur Schützenabwehr ein ferngesteuerter automatischer 40-mm-Granatwerfer installieren. Das durch Panzerung geschützte Fla-MG ist ebenfalls ferngesteuert. Für den Antrieb sorgen im Heck ein flüssigkeitsgekühlter Achtzylindermotor mit 1000 PS sowie ein hydromechanisches Automatikgetriebe. Der Entwickler legt besonderen Wert auf die Feststellung, dass das Getriebe für den Einsatz im Gelände optimiert wurde. Auf befestigten Straßen erreicht der VT-5 eine Geschwindigkeit von bis zu 70 km/h. Er überklettert senkrechte Hindernisse von bis zu 0,85 m Höhe und überschreitet Gräben von bis zu 2,7 m Breite. Ohne Vorbereitung durchwatet er Wasserhindernisse bis zu 1,1 m Tiefe.

2018 stellte Norinco auf der „AirShow China" in Zhuhai eine modernisierte VT-5-Ausführung vor mit verbessertem Panzerschutz und geänderter Ausrüstung, was zu einer gewissen Steigerung von Leistung und Kampfeigenschaften führte.

Leichter Kampfpanzer Typ 62 (WZ-131)

Ende der 1950er-Jahre genehmigte die VBA-Führung das Lastenheft für einen leichten Kampfpanzer für die Verwendung bei Seelandungsoperationen und in schwierigem Gelände mit wenig tragfähigen Böden und Brücken mit geringer Tragfähigkeit. Die Entwicklung begann 1958, nach umfangreicher Erprobung ging das Fahrzeug als Typ 62 (WZ-131) 1963 im Panzerwerk Nr. 674 in Serie und wurde im selben Jahr von der VBA angenommen. Bis zum Ende der Serienfertigung 1989 verließen 1559 Typ 62 das Werk. Aufgrund mangelnder Erfahrung bei der Entwicklung neuer Kampffahrzeuge schlugen die chinesischen Ingenieure den bewährten Weg ein – sie nahmen sich den mittleren Typ 59 zum Vorbild, reduzierten seine Abmessungen und halbierten sein Gefechtsgewicht. Letzteres erreichten sie bei der Wanne vor allem durch die Verwendung relativ dünner geschweißter Panzerstahlbleche. Die obere Frontpanzerung fiel mit 25 mm am dicksten aus, während die anderen Stellen mit 12,5 mm Panzerung auskommen mussten. Die Wandstärke des

Technische Angaben Leichter Kampfpanzer Typ 62	
Besatzung, Personen	4
Gefechtsgewicht, t	21
Abmessungen, mm:	
Wannenlänge	5550
Länge mit Kanone 12 Uhr	7900
Breite	2860
Höhe	2250
Bewaffnung (Kaliber), mm:	
Kanone	85
Maschinengewehr	2 x 7,62; 1 x 12,7
Kampfbeladung, Schuss:	
Kanone	47
Maschinengewehr	3200 x 7,62 mm; 300 x 12,7 mm
Motorleistung, PS	430
Höchstgeschwindigkeit, km/h	60
Fahrbereich, km	510

Der leichte Kampfpanzer Typ 62 war der erste chinesische seiner Art und erhielt eine 85-mm-Kanone sowie zur Fliegerabwehr ein schweres 12,7-mm-Maschinengewehr.

Ausführung Typ 62-IIM mit 105-mm-Kanone.

Gussturms variiert und misst an der Turmfront 50 mm. Die starken Schrägungen der vorderen Wannenplatten und des halbkugelförmigen Turms erhöhen die Durchgangsstrecken für Geschosse zwar, bieten aber im Allgemeinen nur gegen Handwaffenprojektile, schwere MG und Splitter von Artillerie- und Mörsergranaten ausreichend Schutz. Von der Bewaffnung her entspricht der Typ 62 dem Schwimmpanzer Typ 63 (siehe unten). Sein Dreimannturm ist mit einer 85-mm-Zugrohrkanone und einem koaxialen 7,62-mm-Maschinengewehr ausgestattet. Der Turm lässt sich elektrisch oder manuell schwenken und die Kanone manuell im Höhenrichtbereich von –4° bis + 20° richten. Sie lädt Patronenmunition mit panzerbrechenden, Sprengbrand-, Hohlladungs- sowie Nebelgranaten. Die Kampfbeladung umfasst 47 Schuss. Kommandant und Richtschütze sitzen links der Kanone und verwenden relativ einfache Zielfernrohre und zur Rundumbeobachtung Winkelspiegel. Zur Ausrüstung gehören eine Funk- und Bordsprechanlage sowie eine automatische Feuerlöschanlage; Vorrichtungen zur ABC-Abwehr fehlen. Jüngere Ausführungen erhielten Laserentfernungsmesser und Nachtsichtgeräte. Zur Zweitbewaffnung zählen neben dem Koaxial-MG ein 7,62-mm-Bug-MG sowie ein 12,7-mm-Fliegerabwehr-MG über der Ladeschützenluke. Der flüssigkeitsgekühlte V-Dieselmotor im Heck entwickelt bei 1800 Umdrehungen pro Minute immerhin 430 PS. Beim Getriebe handelt es sich um ein manuelles Schaltgetriebe. Das einzeln drehstabgefederte Laufwerk mit Stahlkette weist je Seite fünf leichte gummibereifte Laufrollen auf; Stützrollen

Leichter Kampfpanzer Typ 62, Draufsicht.

Leichter Kampfpanzer Typ 62, Bugansicht.

fehlen. Auf befestigten Straßen erreicht der Typ 62 eine Höchstgeschwindigkeit von 60 km/h. Im Gelände überklettert er bis zu 0,7 m hohe senkrechte Hindernisse, überschreitet bis zu 2,55 m breite Gräben und durchwatet bis zu 1,3 m tiefe Wasserhindernisse. Folgende bekannte Ausführungen entstanden:

- Typ 62 (WZ-131) – erstes Produktionsmodell.
- Typ 62-I – Nachtsichtgerät, vertikale Stabilisierung der Kanone und Tauchausrüstung.
- Typ 62M (WZ-131M) – 1980 entwickelte Modifikation mit Laserentfernungsmesser und verstärkter Panzerung.
- Typ 62-IIM – Modifikation aus dem Jahr 2000. Die 85-mm-Kanone wurde durch eine 105-mm-Kanone mit kurzem Rücklauf ersetzt und der Gussturm durch einen Turm mit Verbundpanzerung. Es wurden mindestens 3 Prototypen hergestellt.
- Typ 62 mit 115-mm-Glattrohrkanone ist eine von Nordkorea gemeinsam mit China entwickelte Modifikation. Aufgrund der Verschlechterung der Beziehungen Chinas zur Sowjetunion konnte die nordkoreanische Armee keine Lizenz für die Produktion der 115-mm-Kanone U-5TS erhalten. Das Projekt wurde nicht verwirklicht.

Auf Grundlage des Typ 62 entstanden ferner folgende Spezialfahrzeuge:

- Typ 762 – Minenräumpanzer.
- Typ 762A (GSL-131) – Minenräumpanzer.
- Der GJT-211 – Pionierpanzer.
- Der WZ-851 – Gepanzerter Grabenbagger.

Leichter Kampfpanzer Typ 62 (WZ-131), Gefechtsgewicht 21 t.

507

Leichter Kampfpanzer ST-2

2014 stellte Norinco erstmals ein gepanzertes Fahrzeug vor, das die Eigenschaften eines leichten Kampfpanzers und eines Panzerjägers auf SPz-Fahrgestell vereint. Es übernahm nämlich das Fahrgestell des Bergepanzers ZJX-93, der wiederum das um eine Laufrolle verlängerte Laufwerk des Schützenpanzers Typ 89 (siehe unten) verwendet. Der Aufbau des Fahrzeugs mit Exportbezeichnung ST-2 entspricht im Wesentlichen dem Typ 89. Im Bug sind Motor und Getriebe sowie Fahrer untergebracht, während der Truppenraum des Schützenpanzers in einen Kampfraum mit Drehturm und schwerer Kanone umgewandelt wurde. Wanne und Turm sind geschweißt. Die dünne Panzerung schützt nur vor panzerbrechenden Handwaffengeschossen sowie Artillerie- und Mörsersplittern. Die Hauptbewaffnung im rundum schwenkbaren Drehturm mit Höhenrichtbereich –4,5° bis +18° bildet eine 105-mm-Zugrohrkanone mit Mündungsbremse und Rauchabsauger. Die Kanone wird manuell geladen. Die Kampfbeladung umfasst 32 Granatpatronen mit panzerbrechenden Unterkalibergeschossen (APFSDS), Hohlladungsgranaten (HEAT) und Sprenggeschossen (HE). Außerdem lassen sich aus dem Geschützrohr lasergesteuerte Panzerabwehrraketen GP-2 verschießen. Deren Tandem-Gefechtskopf durchschlägt bis zu 650 mm homogene Panzerung hinter reaktiver Panzerung noch auf 5000 m. Die Zweitbewaffnung besteht aus einem koaxialen 7,62-mm-Maschinengewehr und einem 12,7-mm-Flugabwehr-Maschinengewehr auf dem Turmdach. Wie es heißt, verfügt der ST-2 über eine recht leistungsfähige Feuerleitanlage, einschließlich kombinierter Tag- und Nachtsichtgeräte für Richtschütze und Kommandant, Laserentfernungsmesser, Wärmebildkamera und moderner Funkausstattung. Für den Antrieb sorgt ein 320-PS-Dieselmotor (anderen Angaben zufolge leistet der Motor sogar 400–500 PS). Ein mechanisches Getriebe überträgt die Kraft des Motors auf die vorderen Antriebsräder. Das Laufwerk weist jede Seite sechs Laufrollen auf; Stützrollen fehlen. Der ST-2 verfügt über eine recht hohe taktische Mobilität. Auf befestigten Straßen erreicht er Geschwindigkeiten von bis zu 65–66 km/h. Aufgrund seines geringen Gefechtsgewichts von lediglich 20 t und passabler Abmessungen lässt er sich mit mittleren und schweren Transportflugzeugen über große Entfernungen transportieren.

Technische Angaben Leichter Kampfpanzer ST-2	
Besatzung, Personen	4
Gefechtsgewicht, t	20
Abmessungen, mm:	
Wannenlänge	6800
Länge mit Kanone 12 Uhr	7500
Breite	3100
Höhe	2800
Bewaffnung (Kaliber), mm:	
Kanone	105
Maschinengewehr	1 x 7,62; 1 x 12,7
Kampfbeladung, Schuss:	
Kanone	32
Maschinengewehr	1000 x 7,62 mm; 300 x 12,7 mm
Motorleistung, PS	320
Höchstgeschwindigkeit, km/h	65–66
Fahrbereich, km	500

Leichter Kampfpanzer ST-2, Gefechtsgewicht 20 t.

Mit seiner leistungsstarken 105-mm-Kanone kann der leichte Kampfpanzer ST-2 alle Arten von Panzerfahrzeugen bekämpfen.

Schwimmpanzer Typ 60

Für groß angelegte Seelandungsoperationen, wie sie die VBA in den frühen 1950er-Jahren plante, lieferte die UdSSR der VR China mehrere Chargen ihres Schwimmpanzers PT-76, der kurz zuvor bei der Sowjetarmee eingeführt worden war. Dazu erhielt China die Lizenz zur Herstellung sowie die dazu erforderliche gesamte technische Dokumentation. Die in China hergestellten PT-76 bezeichnete die VBA als Typ 60. Sie gingen vorwiegend an gepanzerte Aufklärungsbataillone sowie an Verbände der Marineinfanterie. Eine erhebliche Anzahl Typ 60 wurde dazu exportiert. Der Aufbau des Panzers ist klassisch: im vorderen Teil der Wanne befindet sich der Fahrer, gefolgt vom Kampfraum mit Drehturm und im Heck vom Motor- und Getriebeabteil. Die pontonförmige, hermetisch versiegelte Wanne ist in Schweißkonstruktion ausgeführt. Die Notwendigkeit, ein großes Verdrängungsvolumen der Wanne zu gewährleisten bei gleichzeitig relativ geringem Gefechtsgewicht, führte zur Verwendung von Panzerstahlblechen

Technische Angaben Schwimmpanzer Typ 60	
Besatzung, Personen	3
Gefechtsgewicht, t	14,2
Abmessungen, mm:	
Wannenlänge	6910
Länge mit Kanone 12 Uhr	7625
Breite	3140
Höhe	2159
Bewaffnung (Kaliber), mm:	
Kanone	76,2
Maschinengewehr	7,62 (12,7)
Kampfbeladung, Schuss:	
Kanone	40
Maschinengewehr	1000
Motorleistung, PS	240
Höchstgeschw. km/h:	
auf befestigten Straßen	44
schwimmend	10,2
Fahrbereich, km	240–260

Eine Panzerbesatzung der Marineinfanterie beim Aufmunitionieren eines Schwimmpanzers Typ 60.

geringer Dicke: Die in einem Winkel von 80,5° zur Senkrechten geneigte obere Bugplatte der Wanne ist nur 10 mm dick, die untere Bugplatte 13 mm, und der kegelstumpfförmige Turm besteht aus geschweißtem 10–20 mm dickem Panzerstahl. Die Hauptbewaffnung im Drehturm bildete eine 76,2-mm-Zugrohrkanone, ein Nachbau der sowjetischen D-56T-Kanone mit geschlitzter Mündungsbremse, aber ohne Rauchabsauger. Die Kampfbeladung bestand aus 40 Granatpatronen (24 Spreng-, vier panzerbrechende Leuchtspur-, vier Unterkaliber- und acht Hohlladungsgeschosse). Die maximale Einsatzschussentfernung des Geschützes lag etwa bei 1000 m und die Feuergeschwindigkeit bei etwa sieben Schuss pro Minute. Das Geschütz war mit einem 7,62-mm-Maschinengewehr Typ 59-T mit 1000 Schuss Munition kombiniert. Später erhielten einige Fahrzeuge ein schweres 12,7-mm-Flugabwehr-Maschinengewehr Typ aufs Turmdach vor die Kommandantenluke. Im Heck versah ein in China hergestellter flüssigkeitsgekühlter Dieselmotor seinen Dienst; ein Nachbau des sowjetischen W-6-Diesels. Er leistete 240 PS bei 1800 U/min.

Die mechanische Kraftübertragung umfasste eine Trockenkupplung, ein Fünfganggetriebe mit Untersetzungsgetriebe sowie Nebenabtriebe für den Wasserstrahlantrieb. Das torsionsgefederte Laufwerk wies je Seite sechs einreihige gummierte Laufrollen auf; innen hohl zur Schaffung einer zusätzlichen Auftriebsreserve. An der Aufhängung der ersten und sechsten Laufrolle befanden sich hydraulische Stoßdämpfer. Stützrollen sind nicht vorhanden; die

Die pontonförmigen Wanne verbessert die Schwimmfähigkeit. Als Hauptbewaffnung führt der Typ 60 eine 76,2-mm-Kanone.

Schwimmpanzer Typ 60, Heckansicht.

Schwimmpanzer Typ 60, Buggansicht.

Der sowjetische PT-76 (hier im Röntgenschnitt) diente dem chinesischen Typ 60 als Bauvorlage.

Schwimmpanzer Typ 60 beim Anlanden. Man beachte die Schwallbretter.

Antriebsräder befanden sich am Heck. Die Kette bestand aus Stahlgliedern ohne Gummipolster. Die Höchstgeschwindigkeit des Typ 60 betrug 44 km/h an Land und 10 km/h im Wasser. Er bewältigte Steigungen bis 38°, bis zu 1,1 m hohe senkrechte Hindernisse und bis zu 2,8 m breite Gräben. Wasserhindernisse überwand er schwimmend mit

Hilfe zweier Wasserstrahldüsen. Da das angesaugte Wasser diese Düsen mit beachtlicher Geschwindigkeit verließ, erzeugte es einen Schub, der den rund 14 t schweren Schwimmpanzer mit bis zu 10 km/h durchs Wasser trieb – dank Umkehrdüsen sowohl vorwärts als auch rückwärts.

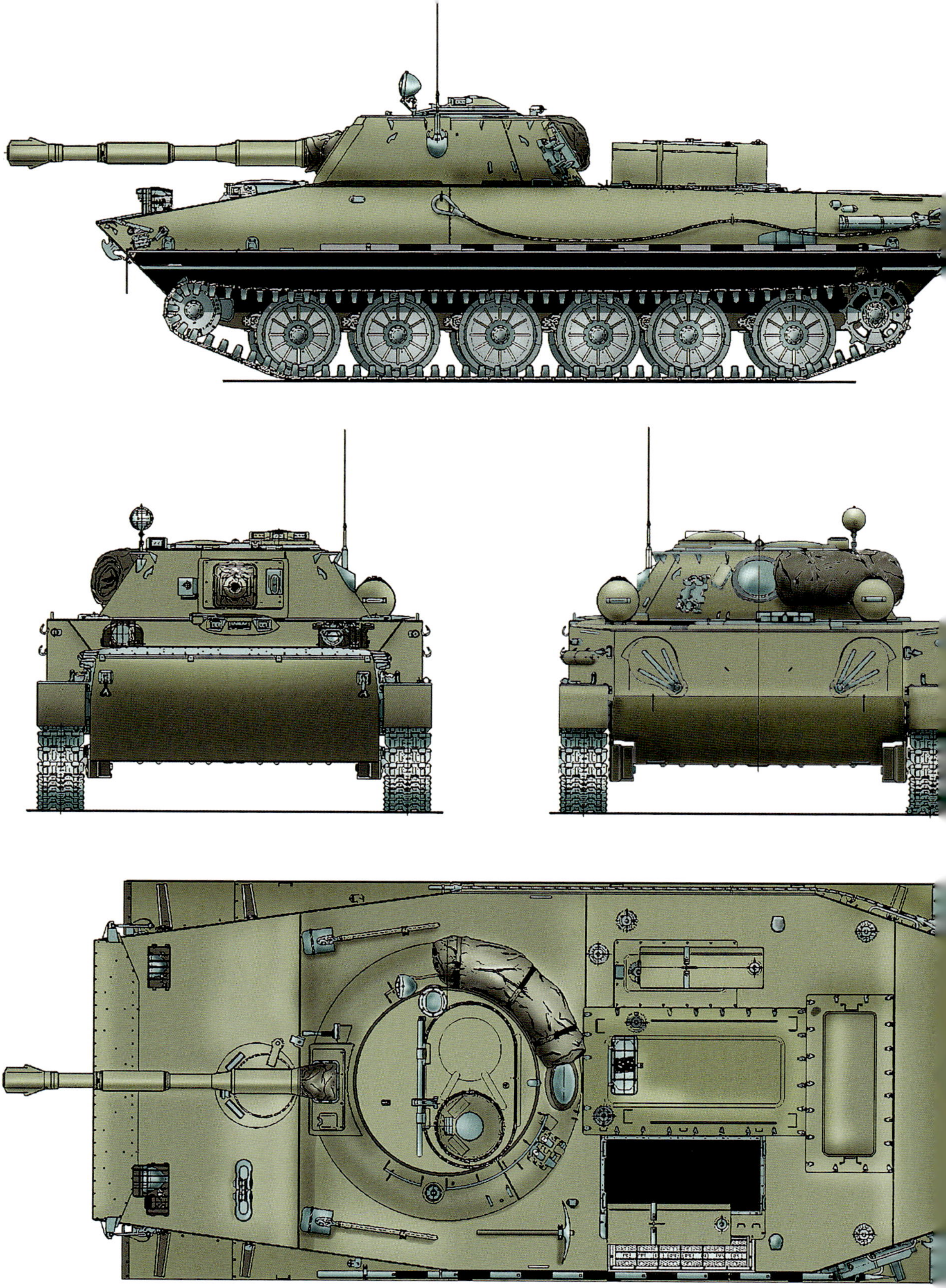

Dreiseiten-Darstellung Schwimmpanzer Typ 60.

Schwimmpanzer Typ 63 (WZ-211)

Die Feuerkraft der 76,2-mm-Kanone des Schwimmpanzers Typ 60 genügte dem chinesischen Militär in den frühen 1960-er Jahren nicht mehr. Seit 1963 arbeiteten chinesische Konstrukteure an einer Kampfwertsteigerung des Typ 60 mit stärkerer Bewaffnung. Das Ergebnis stellte der erfolgreiche Typ 63 dar. Auch bei diesem Fahrzeug wurde der Motor im Heck untergebracht. Das Fahrerabteil befand sich im oberen Teil der Wanne aber nicht mittig auf der Längsachse wie beim Typ 60, sondern kam auf die linke Seite, was es ermöglichte, rechts einen wesentlichen Teil der Munition unterzubringen. Die Wanne ist aus Panzerstahlblechen geschweißt. Im Vergleich zum Panzer Typ 60 wurden die Neigungswinkel der oberen und unteren Frontpanzerplatten leicht verändert. Die Dicke der Wannenpanzerung liegt zwischen 10 und 14 mm. Den Hauptunterschied zum Typ 60 stellte jedoch die stärkere 85-mm-Ka-

Technische Angaben Schwimmpanzer Typ 63	
Besatzung, Personen	4
Gefechtsgewicht, t	18,7
Abmessungen, mm:	
Wannenlänge	7150
Länge mit Kanone 12 Uhr	8437
Breite	3200
Höhe	2522
Bewaffnung (Kaliber), mm:	
Kanone	85
Maschinengewehr	1 x 7,62; 1 x 12,7
Kampfbeladung, Schuss:	
Kanone	47
Maschinengewehr	1000 x 7,62 mm; 500 x 12,7 mm
Motorleistung, PS	400
Höchstgeschw. km/h:	
auf befestigten Straßen	64
schwimmend	12
Fahrbereich, km	370

Schwimmpanzer Typ 63, Draufsicht.

none in dem vom Leichten Kampfpanzer Typ 62 (siehe oben) übernommenen halbkugelförmigen Dreimannturm dar. Die Kanone verfügt über einen Rauchabsauger, einen Höhenrichtbereich von –5° bis + 18° und ist mit einem koaxialen 7,62-mm-MG gepaart. Die Kampfbeladung besteht aus 47 85-mm-Granatpatronen mit panzerbrechenden, Hohlladungs-, Sprengbrand- und Nebelgeschossen zur Bekämpfung gepanzerter wie ungepanzerter Fahrzeuge, Infanterie und Feldbefestigungen. Der Motor- und Getrieberaum der Prototypen beherbergte noch die chinesische Version des sowjetischen W-6-Diesels. Die ersten Serienpanzer, die bereits die Bezeichnung Typ 60-1 (WZ-211-1) trugen, waren jedoch mit einem verbesserten Zwölfzylinder-Diesel mit 400 PS Leistung bei 2000 U/min (statt 240 PS bei 1800 U/min) motorisiert, wodurch sich die spezifische Leistung auf 21,6 PS/t erhöhte. Die Abmessungen des neuen Motors erforderten keine Umgestaltung des Motor-/Getrieberaums. Das mechanische Getriebe mit einem Rückwärts- und fünf Vorwärtsgängen entsprach dem Typ 60 und auch das Laufwerk blieb unverändert. Für den Antrieb im Wasser sorgten, wie gehabt, zwei Wasserstrahldüsen. Zur Ausrüstung des Typ 63 gehörten eine Funk- und Bordsprechanlage, eine Feuerlöschanlage sowie eine thermische Nebelanlage. Spätere Ausführungen erhielten ABC-Schutz und Nachtsichtgeräte. Mitte der 1970er-Jahre erschien der Typ 63-II mit Laserentfernungsmesser über der Geschützblende und einem ballistischem Flugbahnrechner für Kampfentfernungen von 300 –3000 m. Nach und nach wurden alle Typ 63-1 auf diese Stufe nachgerüstet. Die geschätzte Gesamtzahl der produzierten Typ 63 beläuft sich auf 1550 Fahrzeuge. Der Typ 63 konnte nicht nur Flüsse und Seen schwimmend überqueren und im Geist des „Großen Vorsitzenden" den Jangtsekiang rauf und runter schippern, Aufklärung betreiben oder Infanterie bei Einsätzen in Küstengebieten unterstützen, sondern ließ sich auch auf See ein-

Schwimmpanzer Typ 63, Bugansicht von rechts.

setzen. So überquerte ein Panzer dieses Typs 1966 die bis zu 30 km breite Hainanstraße vom Festland hinüber zur gleichnamigen Insel. Der Typ 63 ging hauptsächlich an Verbände der Marineinfanterie mit Standorten an der Taiwanstraße. Seit Ende der 1990er-Jahre wurde der Typ 63 in China schrittweise vom moderneren Typ 63A (ZTS-63A) ersetzt, steht aber stellenweise noch in Ländern wie Albanien, Pakistan, Kambodscha, Vietnam, Nordkorea, Myanmar (Birma) und Sri Lanka in Verwendung.

Schwimmpanzer Typ 63 beim Zuwassergehen während eines Manövers.

Schwimmpanzer Typ 63 beim Anlanden während eines Manövers.

Schwimmpanzer Typ 63, Seitenansicht.

Schwimmpanzer Typ 63 der nordvietnamesischen Armee bei der Einnahme von Saigon am 30. April 1975.

Schwimmpanzer Typ 63A (ZTS-63A)

In den späten 1990er-Jahren übernahm die Führung der VBA das operative Konzept der „amphibischen Landung über dem Horizont" von ausländischen Marinen. Nach diesem Konzept setzten Landungsschiffe ihre Amphibienfahrzeuge in mehr als 10 km Entfernung vom Küstenbereich aus, an dem sie anlanden sollen. Obwohl ein Typ 63 bereits bei Badewetter die Hainanstraße überquert hatte, konnte er die genannte Forderung zumindest bei raueren Seebedingungen nicht erfüllen. Darüber hinaus sollte ein Schwimmpanzer auch in der Lage sein, mittlere Kampfpanzer M-48 und M-60, wie sie bei der taiwanesischen Armee in Verwendung standen, zu bekämpfen. Das konnte der Typ 63 auch nicht, also war Handlungsbedarf angesagt. In kurzer Zeit vorgenommene Entwicklungsarbeiten führten zur Schaffung des Typ 63A, praktisch ein Neufahrzeug. Die Bezeichnung wurde später in ZTS-63A geändert.

Technische Angaben Schwimmpanzer Typ 63A	
Besatzung, Personen	4
Gefechtsgewicht, t	22
Abmessungen, mm:	
Wannenlänge	7150
Länge mit Kanone 12 Uhr	11.000
Breite	3200
Höhe	3522
Bewaffnung (Kaliber), mm:	
Kanone	1 x 105
Maschinengewehr	1 x 7,62; 1 x 12,7
Kampfbeladung, Schuss:	
Kanone	keine Angaben
Maschinengewehr	1000 x 7,62 mm; 300 x 12,7 mm
Motorleistung, PS	580
Höchstgeschw. km/h:	
auf befestigten Straßen	64
schwimmend	12
Fahrbereich, km	370

Schwimmpanzer Typ 63A, Bugansicht.

Der Typ 63A ging 1997 mit relativ hohem Ausstoß für ein Fahrzeug dieses speziellen Verwendungszwecks in Serie. 2002 wurden beispielsweise 80 Typ 63A hergestellt. Insgesamt sollen 800 Fahrzeuge entstanden sein. Aufbau und Einteilung entsprechen grundsätzlich dem Typ 63; Wanne und Turm (mit neuer Hecknische) bestehen aus geschweißten Panzerblechen, die lediglich vor Hartkerngeschossen Kaliber 7,62 mm schützen. Im Vergleich zum Vorgänger verfügt der Typ 63A über ein größeres Wannenvolumen, da die vorderen und hinteren Teile verlängert wurden. Dies führte gleichzeitig zu einer verbesserten Seetüchtigkeit und zu geringerem Wasserwiderstand. Entscheidend zur Erhöhung des Kampfwerts war die Ausstattung mit einer 105-mm-Zugrohkanone, vor der sich auch M-48 und M-60 in Acht nehmen müssen. Sie verfügt über eine

Der Schwimmpanzer Typ 63A verfügt über ausgezeichnete Seetüchtigkeit und eine 105-mm-Kanone.

Ein Schwimmpanzer Typ 63A verlässt die Rampe eines Landungsbootes.

Schwimmpanzer Typ 63A bei einer Landungsübung vor der Küste.

Mündungsbremse sowie einen Rauchabsauger und beruht auf der britischen L7-Kanone, mit der einige chinesische Kampfpanzer ausgestattet sind, hat aber einen geringeren Rückstoß und eine niedrigere Mündungsgeschwindigkeit. Die Kanone verschießt sämtliche von Norinco hergestellte Munition dieses Kalibers, allerdings mit leichteren Geschossen. Die Kampfbeladung zählt bei den Chinesen offensichtlich zu den Staatsgeheimnissen und wird in öffentlichen Quellen nicht angegeben, dürfte aber geringer sein als beim Typ 63. Ein koaxiales 7,62-mm-Maschinengewehr mit 1000 Schuss zählt ebenso zur Zweitbewaffnung wie ein 12,7-mm-Flugabwehr-Maschinengewehr W-85 auf dem Turmdach vor der Ladeschützenluke. Es besteht auch die Möglichkeit, in China auf Basis der russischen 9M117 „Bastion" entwickelte Lenkraketen einzusetzen, mit denen sich Kampfpanzer bis auf 4–5 km bekämpfen lassen und

auch Hubschrauber. Die sinnvolle Einsatzentfernung der Kanone gegen Kampfpanzer endet hingegen bei 2 km. Die zweiachsig stabilisierte Kanone ergänzen eine moderne Feuerleitanlage mit sensorgestütztem Flugbahnrechner ähnlich der des Kampfpanzers Typ 99, ein kombiniertes Tag- und Nachtvisier sowie ein Laserentfernungsmesser. Vergessen wir nicht die Nebelmittelwurfanlage zu acht Wurfbechern. Die vierköpfige Besatzung des Typ 63A setzt sich aus Kommandant, Richtschütze. Ladeschütze und Fahrer zusammen. Letzterer sitzt im Wannenbug links, da auf der rechten Seite ein Teil der Kanonenmunition in Gestellen lagert. Der Drehturm bildet den Kampfraum, wobei der Richtschütze rechts und der Ladeschütze links vom Geschütz sitzen; der Kommandant hinter dem Richtschützen. Als Richt- und Sichtmittel stehen Richtschützen und Kommandanten stabilisierte Visiere und passive Nachtsichtgeräte zur Verfügung. Der Ladeschütze lädt nicht nur die Kanone, sondern bedient auch das 12,7-mm-Fla-MG vor seiner Luke. Für den Antrieb sorgt ein neuer Zwölfzylinder-Diesel von Norinco mit 580 PS, der den Typ 63A auf befestigten Straßen auf bis zu 64 km/h beschleunigt. Schwimmend verleihen ihm die beiden Wasserstrahldüsen bis zu 12 km/h Geschwindigkeit. Das einzeln drehstabgefederte Laufwerk mit Stahlkette weist je Seite sechs Laufrollen auf, Antriebsrad hinten, Leitrad vorn; Stützrollen fehlen.

Schwimmpanzer Typ 63A.

Die Ketten sind vorn am Bug von strömungsgünstigen Verkleidungen abgedeckt, die den Wasserwiderstand beim Schwimmen verringern. Der Typ 63A ging vorwiegend an Verbände der Marineinfanterie sowie der 123. und 124. amphibischen Schützendivision im Militärbezirk Guangzhou (nahe der Taiwanstraße). 2014 zählten diese insgesamt 50 Fahrzeuge im Bestand. Vom Typ 63A entstanden noch folgende Unterausführungen:

- Typ 63A-I. Engeführt 2002. Der vordere Teil des Turms verfügt über Halterungen für reaktive Panzerungsmodule (oder andere Panzerungspakete). An der rechten Vorderseite des Turmdachs ist ein Wärmebildvisier angebracht.
- Typ 63A-II. Mit Halterungen für Zusatzpanzerungen an der Front und den Seiten des Turms sowie an den Wannenseiten.

MANNSCHAFTSTRANSPORTWAGEN UND SCHÜTZENPANZER

Die Schützenpanzer-Ausführung des ZBL-09 charakterisiert der geschlossene Drehturm mit 30-mm-Maschinenkanone 2A72 und 7,62-mm-Maschinengewehr.

Zur Begriffsklärung: Neben Kampfpanzern stellen Kettenschützenpanzer, Radschützenpanzer und gepanzerte Mannschaftstransportwagen (MTW) die häufigsten gepanzerten Kampffahrzeuge in den chinesischen Streitkräften dar. Gepanzerte Mannschaftstransportwagen können sowohl als Ketten- als auch als Radfahrzeuge auftreten. Der Hauptunterschied zu Kettenschützenpanzern – jedenfalls nach moderner Lesart – liegt in der schwächeren Bewaffnung; die Kampf- steht hinter der Transportaufgabe zurück. Hingegen werden heutige Radschützenpanzer trotz ihrer im Vergleich zu Kettenschützenpanzern oft schwächeren Bewaffnung durchaus als Kampffahrzeuge angesehen; der Übergang zu den MTW ist fließend. Bis in die 1970er-Jahre wurden chinesische MTW mangels stärker bewaffneter und gepanzerter Fahrzeuge als Schützenpanzer eingesetzt, insofern sind die Unterschiede eher akademisch. Desgleichen gab es die im Deutschen mit Aufbau der Bundeswehr üblich werdenden Unterscheidungen so nicht. Man kann es sich noch einfacher machen: gepanzerte Fahrzeuge mit lediglich MG-Bewaffnung sind MTW, stärker bewaffnete hingegen Schützenpanzer. Der Hauptzweck von Radschützenpanzern besteht heute darin, motorisierte Infanterie zum Gefechtsfeld zu bringen und dieser mit der auf dem Fahrzeug montierten Bewaffnung Feuerunterstützung zu leisten. Ebenso können mot.-Schützen aus den Fahrzeugen heraus kämpfen. Der Kettenschützenpanzer mit starker Bewaffnung und Panzerung – ein reinrassiges Kampffahrzeug – tritt hingegen vorwiegend als Begleiter des Kampfpanzers auf dem Gefechtsfeld auf.

Radschützenpanzer und MTW werden des Weiteren zur Bergung von Verwundeten vom Gefechtsfeld sowie als Nachschubfahrzeuge für Munition, Verpflegung und andere Versorgungsgüter in der Frontzone eingesetzt. Dank ihrer hohen Geländegängigkeit, Beweglichkeit und Bewaffnung lassen sie sich ferner zu Aufklärungszwecken und als Sicherungs- und Begleitfahrzeuge nutzen.

Gepanzerter Mannschaftstransportwagen Typ 55

1950 führte die Sowjetarmee den leichten gepanzerten Mannschaftstransportwagen BTR-40 ein (den die Nationale Volksarmee der DDR später als Schützenpanzerwagen SPW-40 einstufte). Er sollte ein breites Aufgabenspektrum abdecken, das vom Transport von Infanterie über die Aufklärungs- und Begleitaufgaben bis zum Zugfahrzeug für leichte und mittlere Geschütze reichte. Kurz nach Beginn der Serienproduktion des BTR-40 ging eine Charge nach China, ergänzt um die Lizenz zum Nachbau samt der dafür erforderlichen technischen Unterlagen. 1955 schufen die Chinesen auf Grundlage des BTR-40 ihre eigene Version eines gepanzerten Mannschaftstransportwagens (MTW), den sie als Typ 55 bezeichneten. Er ging in Massenproduktion und stand bis 1995 bei den Panzer- und motorisierten Schützendivisionen der VBA in Verwendung. Ganz wie beim BTR-40 befinden sich Motor und Getriebe im schnauzenförmigen Bug des Typ 55, dahinter die Plätze für Fahrer und Kommandant. Der hintere Teil der aus Panzerblechen geschweißten Wanne bildet den Truppen- oder Transportraum. Die vorderen Bugplatten weisen starke Schrägungen auf,

Technische Angaben Gepanzerter Mannschaftstransportwagen Typ 55	
Besatzung, Personen	2 + 8
Gefechtsgewicht, t	5,3
Abmessungen, mm:	
Wannenlänge	5000
Breite	1900
Höhe	1830
Bewaffnung (Kaliber), mm:	
Kanone	keine
Maschinengewehr	1 x 7,62
Kampfbeladung, Schuss:	
Kanone	keine
Maschinengewehr	1250
Motorleistung, PS	78
Höchstgeschwindigkeit, km/h	79
Fahrbereich, km	285–480
Fahrbereich, km	370

was die Geschoss-Durchgangsstrecken und damit die Wirksamkeit des Panzerschutzes erhöht. Die seitlichen und hinteren Panzerplatten sind hingegen nahezu vertikal angeordnet, um entsprechend Raum für Soldaten und Ladungsgüter im Truppenraum zu schaffen. Die Stärke der Panzerplatten an

Gepanzerter Mannschaftstransportwagen Typ 55, Heckansicht.

der Wannenfront beträgt 13–15 mm, an den Seiten 8–9 mm und am Heck 7 mm dick. Diese Panzerung schützt vor Handwaffengeschossen sowie Splittern leichterer Artilleriegranaten und Granatwerfer. Als Standardbewaffnung erhielt der Typ 55 nach Vorbild des BTR-40 ein 7,62-mm-Maschinengewehr mit 1250 Schuss Munition. Das MG ließ sich an vier Punkten montieren: am vorderen und hinteren Querträger

sowie an zwei seitlichen Schwenkbügeln der Wanne. Außerdem konnten die Schützen im Kampfraum ihre Handwaffen durch seitliche Schießöffnungen einsetzen. Über zwei Seitentüren sowie eine Hecktür saßen Kommandant, Fahrer und die Kampfraumbesatzung auf und ab. Als Antrieb verwendete der BTR-40 (und wahrscheinlich auch der Typ 55) den Vergasermotor GAS-40, der dem des Lastwagens GAS-63-Lastwagens ähnelte, aber mit 78 PS eine höhere Leistung erbrachte. Zum Vierganggetriebe gehörten eine Einscheiben-Trockenreibungskupplung, ein Verteilergetriebe sowie zwei Hauptgetriebe mit Differentialen für Vorder- und Hinterachse. Ferner trieb das Getriebe die Seilwinde am Bug an. BTR-40 und Typ 55 brachten es bei 5,3 t Gefechtsgewicht auf eine Straßen-Höchstgeschwindigkeit von stattlichen 79 km/h. Im Gelände meisterten sie Steigungen von 28–30°, 0,75 m breite Gräben und bis zu 0,9 m tiefe Gewässer. Der Fahrbereich lag bei 285–480 km.

Der sowjetische BTR-40 diente dem chinesischen Typ 55 als Bauvorlage.

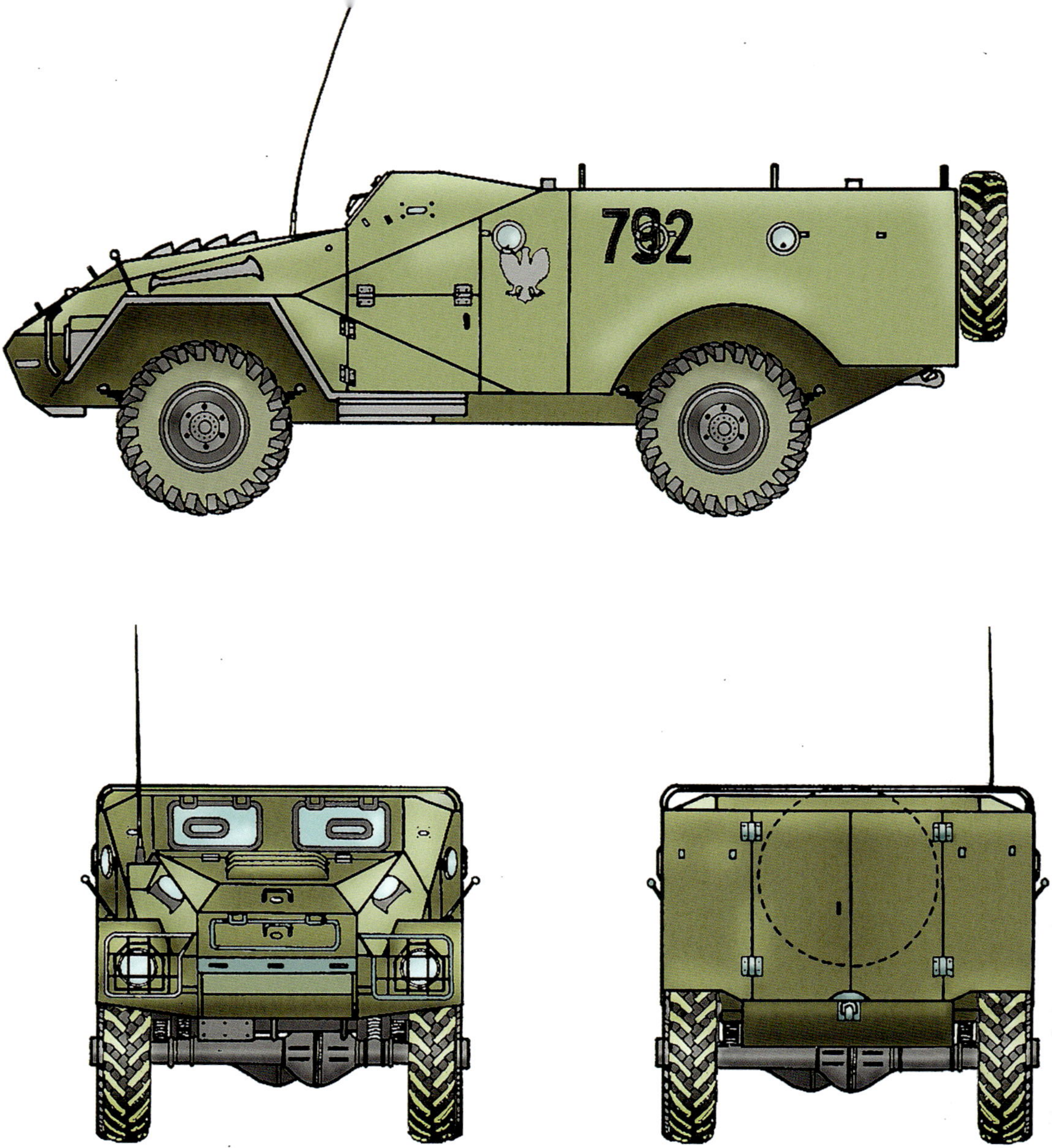

Vierseiten-Darstellung Gepanzerter Mannschaftstransportwagen Typ 55.

Bugansicht gepanzerter Mannschaftstransportwagen Typ 55, Fahrertür geöffnet.

Der gepanzerte Mannschaftstransportwagen Typ 55 diente auch als Träger für Fla-MG-Zwillinge.

Gepanzerter Mannschaftstransportwagen Typ 56

Anfang der 1950er-Jahre erteilte die UdSSR der VR China die Lizenz zum Nachbau des gepanzerten Mannschaftstransportwagens BTR-152, den die sowjetischen Streitkräfte im März 1950 eingeführt hatten. Die Chinesen bezeichneten ihre BTR-152-Kopie als Typ 56. Das Fahrzeug stand von 1956 bis 2010 bei Panzer- und motorisierten Schützenverbänden der VBA in Verwednung. Danach ging ein Teil der Fahrzeuge in die langfristige Einlagerung und der Rest an Reserveverbände. Der Motor- und Getrieberaum befindet sich im schnauzenförmigen Wannenbug, dahinter die Sitze für Fahrer und Kommandant. Der Truppenraum für bis zu 17 Soldaten nimmt den hinteren Teil der Wanne ein. Die gewalzten Panzerbleche wurden durch Elektroschweißen verbunden. Die Dicke der Frontplatte maß 13 mm, die der Seitenplatten 10,8 mm. Zur Steigerung der Geschossdurchgangsstrecken wurden viele Platten mit erheblichen Neigungswinkeln angeordnet, so dass sie zuverlässig vor Handwaffengeschossen und Splittern leichter Artilleriegranaten und Granatwerfer schützten. Die

Technische Angaben Gepanzerter Mannschaftstransportwagen Typ 56	
Besatzung, Personen	2 + 17
Gefechtsgewicht, t	8,6
Abmessungen, mm:	
Wannenlänge	6830
Breite	2320
Höhe	2410
Bewaffnung (Kaliber), mm:	
Kanone	keine
Maschinengewehr	1 x 7,62
Kampfbeladung, Schuss:	
Kanone	keine
Maschinengewehr	1250
Motorleistung, PS	110
Höchstgeschwindigkeit, km/h	75
Fahrbereich, km	550–600
Fahrbereich, km	370

Besatzung saß über zwei vordere Seitentüren und eine Doppeltür im Heck auf und ab. Der oben offene Kampfraum ließ sich mit einer Plane abdecken. Als Bewaffnung führten BTR-152 und Typ 56 – außer

Der sechsrädrige gepanzerte Mannschaftstransportwagen Typ 56 beweist seine Geländegängigkeit…

…wie auch hier in seitlicher Schräglage.

den Handwaffen der Schützen – in aller Regel nur ein 7,62-mm-Maschinengewehr mit 1250 Schuss, das sich auf vier schwenkbare Halterungen oben an den Wänden des Kampfraums aufsetzen ließ. Für den Antrieb sorgte ein Vergasermotor SIS-123 mit 110 PS. Ab 1953 erhielt der Motor eine Vorstartheizung, die im Winter das Anlassen verkürzte. Das Getriebe umfasste eine Trockenreibungs-Doppelscheibenkuppung, ein Fünfgang-Getriebe und ein Zweigang-Verteilergetriebe. Das Dreiachsfahrgestell mit seinen sechs Rädern erhielt eine verstärkte Aufhängung auf verlängerten, halbelliptischen Blattfedern und hydraulische Stoßdämpfer. Die Trommelbremsen wirken pneumatisch. Auf befestigten Straßen erreichte der Typ 56 eine Höchstgeschwindigkeit von 75 km/h. Im Gelände überwand er Steigungen bis 30°, bis zu 0,8 m breite Gräben, 0,6 m hohe Mauern und 0,8 m tiefe Wasserhindernisse.

Gepanzerter Mannschaftstransportwagen Typ 56 der vietnamesischen Armee.

Der chinesische Typ 56 ist nichts anderes
als ein Nachbau des sowjetischen BTR-152.

Der große Truppenraum des Schützenpanzers Typ 56 bietet Platz für 17 Infanteristen.

Rotchina exportierte den gepanzerten Mannschaftstransportwagen Typ 56 in viele Länder Asiens und Afrikas, wo sie verschiedenste Tarnanstriche erhielten.

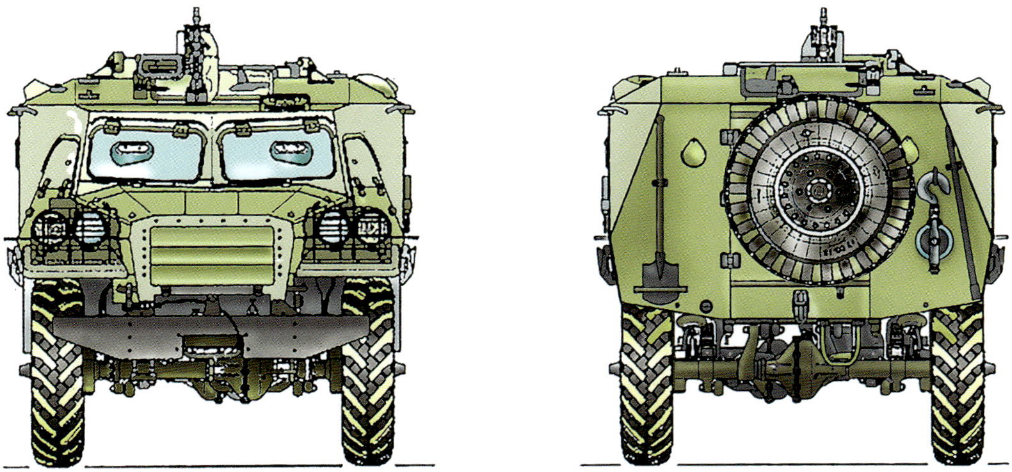

Vierseiten-Darstellung Gepanzerter Mannschaftstransportwagen Typ 56.

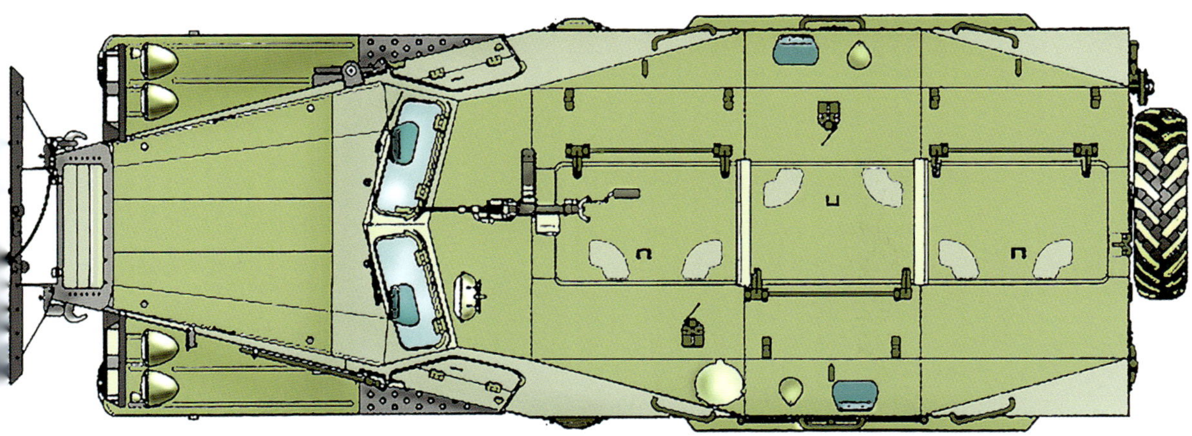

Gepanzerter Mannschaftstransportwagen Typ 63A (WZ-531A)

Technische Angaben Gepanzerter Mannschaftstransportwagen Typ 63A	
Besatzung, Personen	2 + 13
Gefechtsgewicht, t	12,6
Abmessungen, mm:	
Wannenlänge	5520
Breite	2970
Höhe	2850
Bewaffnung (Kaliber), mm:	
Kanone	keine
Maschinengewehr	1 x 12,7
Kampfbeladung, Schuss:	
Kanone	keine
Maschinengewehr	1100
Motorleistung, PS	320
Höchstgeschwindigkeit, km/h	
Fahrbereich, km	65
Fahrbereich, km	6
	500

In den 1950er- und 1960er-Jahren baute die chinesische Rüstungsindustrie in der Regel gepanzerte Fahrzeuge nach sowjetischen Vorbildern. Die vielleicht erste Ausnahme von dieser Regel war der gepanzerte Mannschaftstransportwagen Typ 63A (Werksbezeichnung WZ-531A; nicht zu verwechseln mit dem Schwimmpanzer Typ 63A/ZTS-63A). Dieser Ketten-MTW hatte kein sowjetisches Vorbild und wurde von Ingenieuren des Konstruktionsbüros der Nördlichen Maschinenbaufabrik (NVMF) praktisch von Grund auf entwickelt. Laut Lastenheft sollte er eine mit Kampfpanzern vergleichbare Geländegängigkeit und dabei vergleichsweise niedrige Produktionskosten aufweisen. Der Prototyp trug die Bezeichnung Typ 60 (Werksbezeichnung WZ-531). Seine geschweißte Wanne war eine rein chinesische Konstruktion, doch für das Fahrwerk wurden Komponenten des amphibischen sowjetischen Transportpanzers BTR-50P und des Schwimmpanzers PT-76 verwendet, die in China unter den Bezeichnungen Typ 66 bzw. Typ 60 hergestellt wurden. 1963 wurden Änderungen an der Konstruktion vorgenommen. Insbesondere wurde der Aufbau der Wanne geändert und die Bewaffnung des Fahrzeugs verstärkt. 1963 erhielt das modifizierte Fahrzeug die Bezeichnung Typ 63. Es dauerte mehrere Jahre, um davon Prototypen herzustellen, sie zu erproben und notwendige Änderungen umzusetzen. Und so ging die erste Bauausführung erst in der zweiten Hälfte der 1960er-Jahre als Typ 63A (WZ-531A) in Serie und trat erstmals 1967 bei einer Parade in Peking öffentlich in Erscheinung. Die Zahl der von Norinco hergestellten Typ 63A wird auf 8000 Einheiten geschätzt (nach anderen Quellen 5000). Der Fahrer sitzt

Gepanzerter Mannschaftstransportwagen Typ 63A. Diesmal nur mit Einfarb-Anstrich und Fla-MG auf der rechten Seite.

Gepanzerte Mannschaftstransportwagen Typ 63 wirken bei einem Manöver mit Kampfpanzern zusammen. Man beachte den Schützentrupp im aufgesessenen Kampf.

vorn links in der Wanne, rechts der Kommandant. Das Motor- und Getriebeabteil befindet sich hinter dem Kommandanten, während der Rest der Wanne als Truppenraum dient. Die geschweißte Wanne aus gewalzten Panzerblechen bietet der Besatzung nur Schutz gegen Handwaffengeschosse und leichte Artilleriesplitter sowie Schützenminen. Das Fahrzeug hat eine relativ niedrige Silhouette und die Höhe bis zum Dach beträgt nur 1,9 m. Die Bewaffnung besteht aus einem auf dem Dach des Truppenraums montierten 12,7-mm-Maschinengewehr, das einer der Schützen bedient. Im Truppenraum finden 13 voll ausgerüstete Infanteristen Platz, die über eine Art Heckrampe auf- und absitzen. Ihre Handwaffen können sie innen nur über je eine Schießluke pro Seite zum Einsatz bringen, was wiederum den Einsatzzweck des Typ 63A als gepanzerter Mannschaftstransportwagen unterstreicht: den Transport von

Gepanzerter Mannschaftstransportwagen Typ 63A, Bugansicht.

Gepanzerter Mannschaftstransportwagen
Typ 63A, Bugansicht.

Funkfahrzeug auf Fahrgestell des gepanzerten MTW Typ 63.

Infanterie aufs Gefechtsfeld, die dann abgesessen kämpft und dabei vom schweren MG des Fahrzeugs Feuerunterstützung erhält. Als Antrieb verwendet der Typ 63A einen luftgekühlten Dieselmotor BF-8L mit 320 PS Höchstleistung, den die Chinesen in Lizenz der deutschen Firma Deutz herstell(t)en. Der Motor arbeitet mit einem Viergang-Schaltgetriebe. Das torsionsgefederte Kettenlaufwerk arbeitet mit vier gummierten Laufrollen je Seite, Antriebsrad vorn. Auf befestigten Straßen erreicht der Typ 63A eine Geschwindigkeit von 65 km/h und im Gelände von 50 km/h. Er kann bis zu 0,6 m hohe senkrechte Hindernisse überklettern und 2,2 m breite Gräben überschreiten. Im Wasser schwimmt er mit Kettenantrieb bis zu 6 km/h schnell.

Seit Ende der 1960er-Jahre wurden zahlreiche Typ 63A bei den Panzer- und Schützenregimentern der VBA in Dienst gestellt und auch exportiert. Mittlerweile gilt der amphibische MTW als veraltet und wird schrittweise durch modernere Modelle ersetzt. 2015 verfügte die VBA über 1650 Fahrzeuge dieses Typs. Folgende Ausführungen sind bekannt:

- Typ 60 (WZ-531) – Prototyp.
- Typ 63A (WZ-531A) – erste Bauausführung.
- Typ 63 (WZ-531G) – modernisierte Version des Typ 63A.
- Typ 63B (WZ-531B) – mit 5-Rollen-Laufwerk; 1970er-Jahre.
- Typ 63C/Typ 81 (YW-531C) – Variante des Typ 63A mit neuem Motor; 1982.
- Typ 81 (YW-531D/5) – Exportausführung des Typ 63C/81.
- Typ 63C für die Marine – mit abnehmbaren Modulen für verbesserten Auftrieb und Wasserantrieb.
- Typ 63A (WZ-701/701C/D) – Führungs- und Stabsfahrzeug.
- Typ 63A (WZ-721) – Funkpanzer für Fernfunk.
- Typ 70 (WZ-303/303A) – Artillerieträger für 130-mm-Geschütz PC30.
- Typ 70 (WZ-302/302A) – Artillerieträger für 122-mm-Geschütz mit Fahrgestell Typ 63B.
- Typ 81 (YW-701A/701B) – Exportausführung auf Grundlage Typ 81.
- Typ 81 (YW-304) – Mörserträger 82 mm auf Grundlage Typ 81.
- Typ 81 (YW-381) – Mörserträger 120 mm auf Grundlage Typ 81.
- Typ 81 (YZ-750) – Gepanzertes Sanitätsfahrzeug auf Grundlage Typ 81.
- Typ 60C – Versuchsfahrzeug Schwimmpanzer auf Grundlage Typ 81.
- Typ 85 (YW-351H) – mit verlängertem Fahrgestell; 1985.
- YD-801 – Feuerlöschfahrzeug auf Grundlage Typ 63A.

Gepanzerter Mannschaftstransportwagen Typ 85 (YW-531H)

In den frühen 1980er-Jahren führten Norinco-Ingenieure eine tiefgreifende Modernisierung des gepanzerten Mannschaftstransportwagens Typ 63A durch. Das modernisierte Fahrzeug erhielt die Bezeichnung Typ 85 (YW-531H; nicht zu verwechseln mit dem Kampfpanzer Typ 85) und ging 1985 in Serie. Unter Beibehaltung des Grundkonzepts wurden viele Baugruppen und deren Herstellungsmethoden verbessert; insgesamt eignete sich der Typ 85 besser für die moderne Serienfertigung. Die Aufteilung von Fahrzeug und Besatzung entspricht dem Typ 63A und die geschweißte Wanne besteht nach wie vor aus gewalzten Panzerplatten. Wannenseiten und Laufwerk erhielten zusätzlichen Schutz z. B. durch Schürzen. Die Seiten des Kampfraums erhielten mehr Schießöffnungen mit Visier- bzw. Beobachtungsblenden darüber. Die Bewaffnung blieb sich mit einem 12,7-mm-Maschinengewehr gleich, das in ein oben offenes geschütztes Drehtürmchen auf dem Wannendach montiert wurde. Neu war auch

Technische Angaben Gepanzerter Mannschaftstransportwagen Typ 85	
Besatzung, Personen	2 + 13
Gefechtsgewicht, t	12,6
Abmessungen, mm:	
Wannenlänge	6125
Breite	3060
Höhe	2584
Bewaffnung (Kaliber), mm:	
Kanone	keine
Maschinengewehr	1 x 12,7
Kampfbeladung, Schuss:	
Kanone	keine
Maschinengewehr	1120
Motorleistung, PS	320
Höchstgeschw. km/h:	
auf befestigten Straßen	65
schwimmend	6
Fahrbereich, km	500

Gepanzerter Mannschaftstransportwagen Typ 85 mit geschütztem Fla-MG. (Roland Dobbins, cc-by-sa 2.0)

Gepanzerter Mannschaftstransportwagen Typ 85, Bugansicht

die Nebelmittelwurfanlage an den Wannenseiten. Triebwerks und Getriebes entsprechen weitgehend dem Typ 63A, aber das Laufwerk erhielt fünf Laufrollen je Seite statt bisher vier. In der Geschwindigkeit kann der Typ 85 den Typ 63A zwar nicht überholen, im Gelände jedoch leicht überbieten. Er überklettert bis zu 0,7 m hohe senkrechte Hindernisse (statt 0,6 m), überschreitet bis zu 2,5 m breite Gräben (statt 2,2 m) und schwimmt mit 6 km/h (blieb sich gleich). Die Fortbewegung im Wasser erfolgt durch Kettenantrieb. Zu den Neuerungen des Typ 85 gehörten ferner eine Feuerlösch- sowie eine Funk- und Bordsprechanlage. Vom Typ 85 entstanden folgende Ausführungen:

- YW-307: Schützenpanzer mit Einmannturm und 25-mm-Maschinenkanone und koaxialem 7,62-mm-Maschinengewehr.
- YW-309: Schützenpanzer mit Turm und 73-mm-Kanone.
- WZ-751: Gepanzertes Sanitätsfahrzeug.
- YW-323: Selbstfahrende 122-mm-Haubitze.
- W-306: 130-mm-Mehrfachraketenwerfer mit 30-schüssiger Werfereinheit.
- YW-381: Mörserträger 120 mm.
- YW-304: Mörserträger 82 mm.
- HJ-62C: Gepanzertes Aufklärungsfahrzeug.

Gepanzerter Mannschaftstransportwagen Typ 66

Im Zusammenhang mit den Vorbereitungen der VBA auf groß angelegte amphibische Operationen Anfang der 1960er-Jahre lieferte die Sowjetunion der VR China eine Anzahl amphibischer Transportpanzer BTR-50P, welche die Sowjetarmee 1954 eingeführt hatte. Zusammen mit den Fahrzeugen wurde auch die für die Serienproduktion erforderliche technische Dokumentation geliefert, und sowjetische Spezialisten beteiligten sich am Aufbau der Fertigung in China. Dies erleichterte die rasche Aufnahme der Fertigung ebenso wie der Umstand, dass die meisten Baugruppen sowie das Fahrwerk mit dem Schwimmpanzer Typ 60 (Nachbau des sowjetischen PT-76) vereinheitlicht wurden, der sich seinerzeit ebenfalls in Serienproduktion befand. Das Fahrzeug erhielt die Bezeichnung Typ 66. Motor und Getriebe befinden sich im Heck, Fahrerabteil und Truppenraum nehmen den vorderen und mittleren Teil der Wanne ein. Der Kommandant sitzt links vorn und beobachtet bei geschlossener Luke aus drei Sichtöffnungen

Technische Angaben Gepanzerter Mannschaftstransportwagen Typ 66	
Besatzung, Personen	2 + 20
Gefechtsgewicht, t	14,3
Abmessungen, mm:	
Wannenlänge	7070
Breite	3140
Höhe	2030
Bewaffnung (Kaliber), mm:	
Kanone	keine
Maschinengewehr	1 x 14,5
Kampfbeladung, Schuss:	
Kanone	keine
Maschinengewehr	500
Motorleistung, PS	240
Höchstgeschw. km/h:	
auf befestigten Straßen	44
schwimmend	10,2
Fahrbereich, km	240–260

Gepanzerte MTW Typ 66 beim Durchqueren eines Wasserhindernisses. Man beachte die Öffnungen der Wasserstrahldüsen am Fahrzeug im Vordergrund.

in einem halbrunden Wannenvorsprung, während der mittig angeordnete Fahrer über eine nahezu rechteckige Ein- und Austiegsluke mit Sichtöffnungen im vorderen Wannenbereich verfügt. Die Wanne an sich besteht aus geschweißten 6–13 mm dicken Panzerstahlblechen. Die Frontpanzerung schützt die Besatzung noch vor schweren Maschinengewehren, während die Seitenpanzerung nur Handwaffen und leichten Granatsplittern standhält. Im Truppen- und Transportraum finden 20 voll ausgerüstete Schützen oder verschiedene Transportgüter Platz. Über Ladeklappen im Dach lassen sich leichte Geschütze oder Geländewagen verfrachten. Zum Be- und Entladen dient eine Winde mit 1500 kg Hebekraft. An Geschützen kann der Typ 66 wahlweise etwa eine 76-mm-Kanone mit 20–25 Schuss und 5-Mann-Bedienung; eine 85-mm-Kanone und 2 Mann; einen Geländewagen UAS-469 und 7 Soldaten; drei rückstoßfreie 82-mm-Geschütze mit 24 Schuss und 12 Mann, oder aber einen 120-mm-Mörser mit 32 Wurfgranaten und 6-köpfiger Bedienung aufnehmen. Auf dem Dach des Motorabteils lassen sich weitere Lasten mit einem Gesamtgewicht bis zu 2000 kg transportieren. Gleichzeitig bietet das Fahrzeug den transportierten Geschützen die Möglichkeit zum Feuern. Den Antrieb übernimmt ein Sechszylinder-Dieselmotor Typ W-6 zu 240 PS, der mit einer Heizung, einer Umlaufkühlung sowie einer Wasserabscheidevorrichtung ausgestattet ist. Die mechanische Kraftübertragung arbeitet mit einem Hauptgetriebe, einem Fünfgang-Schaltgetriebe und Seitenvorgelegen. Das einzeln drehstabgefederte Laufwerk weist sechs Laufrollen je Seite auf, Antriebsrad hinten, wobei das erste und letzte Laufrollenpaar hydraulische Stoßdämpfer erhielt. Auf befestigten Straßen erreicht der Typ 66 eine Höchstgeschwindigkeit von 44 km/h. Im Gelände kommt er gut mit Morast, Schnee und Sand zurecht. Er bewältigt bis zu 38° Steigung, 1,1 m hohe senkrechte Hindernisse und 2,8 m breite Gräben. Wasserhindernisse durchschwimmt

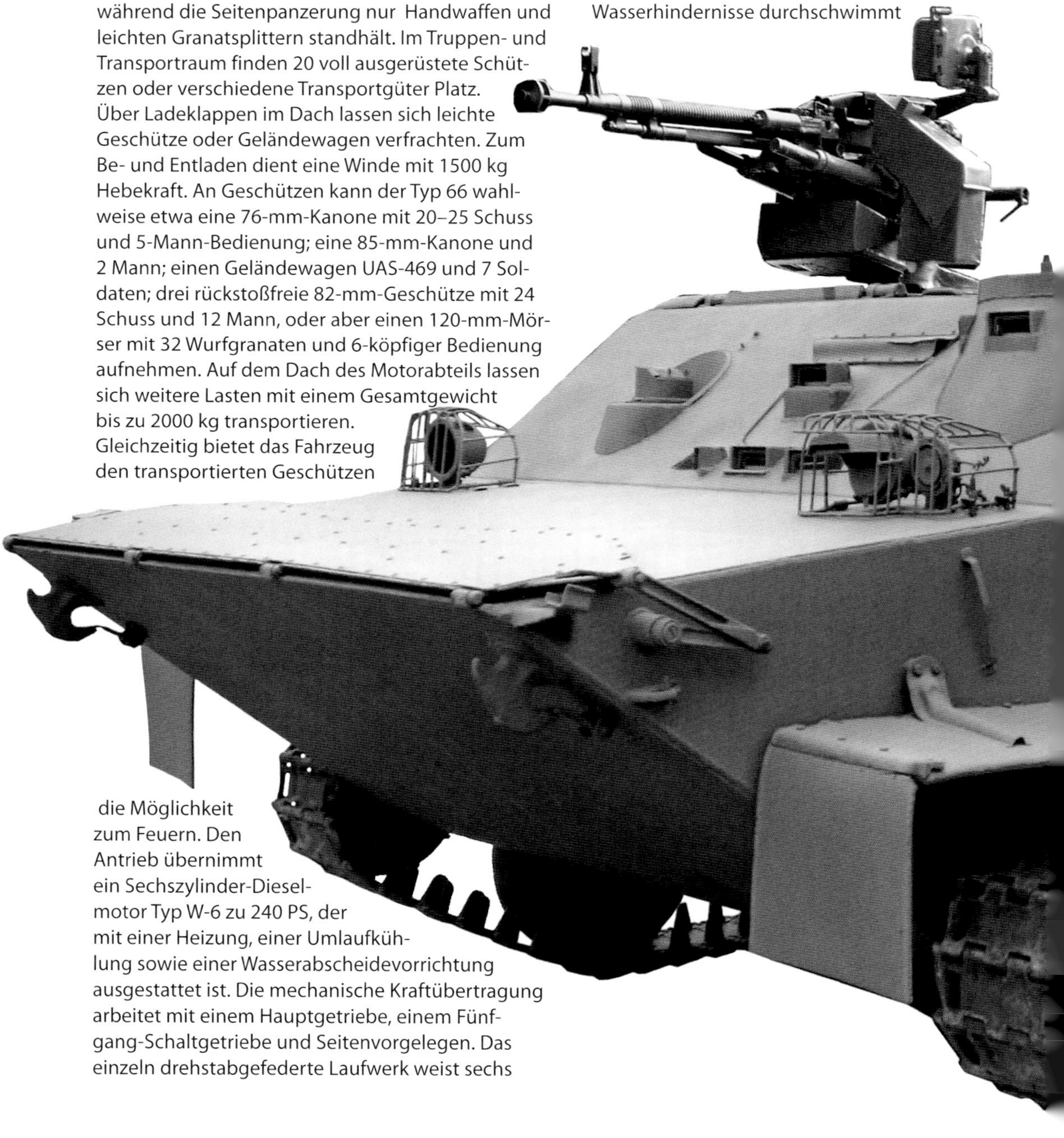

er mit bis zu 10,2 km/h. Die beiden Wasserstrahlantriebe beziehen ihre Kraft über Zapfwellen vom Dieselmotor. Zur standardmäßigen Ausrüstung des Typ 66 gehören ein Funkgerät P 113 oder 10-Rt, eine Bordsprechanlage, eine automatische Feuerlöschanlage, eine Nebelerzeugungsanlage sowie Lenzpumpen. Einige Fahrzeuge erhielten ABC-Abwehranlagen und Nachtsichtgeräte. Nachdem eine relativ geringe Anzahl Typ 66 hergestellt worden war, wurde die Fertigung eingestellt – höheren Orts hatte man beschlossen, ein ähnliches Fahrzeug auf Grundlage des kürzlich eingeführten Schwimmpanzers Typ 63 zu schaffen.

Gepanzerter Mannschaftstransportwagen Typ 66. Die Bugansicht verdeutlicht den amphibischen Charakter des Fahrzeugs.

Dem Typ 66 diente der amphibische sowjetische Transportpanzer BTR-50 als Vorlage.

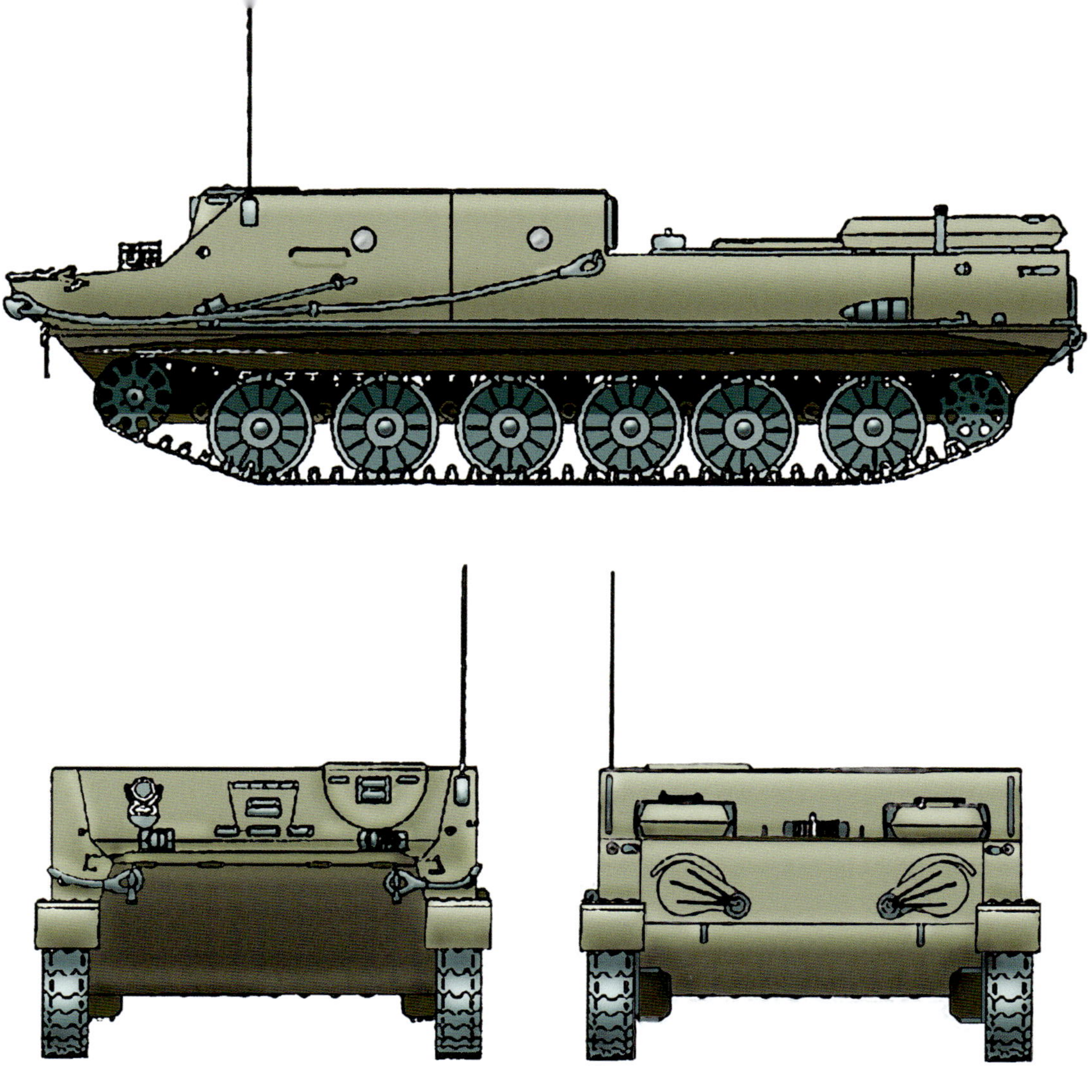

Vierseiten-Darstellung Gepanzerter Mannschaftstransportwagen Typ 66.

Gepanzerter Mannschaftstransportwagen Typ 77 (WZ-511)

1963 löste der neue Schwimmpanzer Typ 63 seinen Vorgänger Typ 60 in der Produktion ab. Dies stellte nun die Fertigung des amphibischen MTW Typ 66 in Frage, der ja viele Baugruppen und Teile vom Typ 60 verwendete. Daher machte sich Norinco an die Entwicklung eines Nachfolgers auf Grundlage des Schwimmpanzers Typ 63, was auf der Hand lag. Dieses neue Modell ging 1978 in Serie und wurde bei der chinesisches Marineinfanterie als Typ 77 in Dienst gestellt. Es entstanden über 700 Stück, die noch heute zu den wichtigsten Transportmitteln zählen, um Marineinfanterie und Fracht von Landungsschiffen an Land zu bringen sowie die Landungstruppe mit Unterstützungsfeuer bei der Errichtung bzw. beim Halten von Landeköpfen zu unterstützen. Der Aufbau des Typ 77 entspricht grundsätzlich dem Typ 66. Die Wanne unterteilt sich

Technische Angaben Gepanzerter Mannschaftstransportwagen Typ 77	
Besatzung, Personen	2 + 16
Gefechtsgewicht, t	15,5
Abmessungen, mm:	
Wannenlänge	7400
Breite	3200
Höhe	2400
Bewaffnung (Kaliber), mm:	
Kanone	keine
Maschinengewehr	1 x 12,7
Kampfbeladung, Schuss:	
Kanone	keine
Maschinengewehr	500
Motorleistung, PS	40
Höchstgeschw. km/h: auf befestigten Straßen schwimmend	 60 10–12
Fahrbereich, km	370

Gepanzerter Mannschaftstransportwagen Typ 77, Bugansicht.

in den kombinierten Steuer- und Truppenraum im vorderen Bereich und das Motor- und Getriebeabteil im hinteren. Die Panzerung mit 14 mm an der Front und 6–10 mm an Seiten, Boden und Dach schützt lediglich vor Handwaffenfeuer und Splittern. Ein ausklappbares Schwallbrett vorn am Bug verhindert wie beim Typ 66 das Überschwappen von Wasser bei der Einfahrt bzw. beim Befahren des nassen Elements. Im Unterschied zum Typ 66 wurde beim Typ 77 analog zum Schwimmpanzer Typ 63 der Fahrer auf die linke und der Kommandant auf die rechte Seite verlegt. Als Sichtmittel an Land verwendet der Fahrer drei Winkelspiegel, von denen sich einer durch ein Nachtsichtgerät ersetzten lässt – oder bei Wasserfahrt durch ein verlängertes Sichtgerät, das über das ausgefahrene Schwallschild reicht. Der halbkreisförmige „Kommandantenturm" ragt vorn aus der Frontplatte heraus und ist ebenfalls mit Sichtgeräten sowie einer Dachluke ausgestattet. Davor ein 12,7-mm-Maschinengewehr, das der Kommandant bedient. Im Truppenabteil bieten drei Querbänke Platz für 16 Personen. An der Steuerbordseite befindet sich eine hermetisch versiegelnde Tür für den Ein- und Ausstieg. Nach Vorbild des sowjetischen BTR-50 bauten die Chinesen vom Typ 77 zwei Ausführungen – mit und ohne geschlossenem Dach über dem Truppenraum. Die offene Variante firmierte als Typ 77-I (WZ-511-1) und die geschlossene als Typ 77-II (WZ-511-2). Der Typ 77-I taugt wie der Typ 66 zur Beförderung von Gütern und Waffen, wie z. B. 76-mm-, 85-mm- und 122-mm-Geschützen, Mörsern oder rückstoßfreien Geschützen samt deren Bedienung von 5–8 Mann. Des Weiteren kann er deren Munition transportieren (bis zu 25 122-mm-Haubitz- oder 120 Mörsergranaten). Für die Beladung mit Geschützen oder schweren Mörsern dienen klappbare Ladebäume auf dem Dach des Motorabteils sowie eine Winde, mit der sich das Gerät ziehen lässt. Falls

Gepanzerter Mannschaftstransportwagen Typ 77 in apartem Tarnanstrich.

erforderlich, können die Geschütze in Transportstellung direkt aus der Wanne abgefeuert werden. Der geschlossene 77-II hingegen diente ausschließlich dem Personentransport, wobei sich auf dem Dach noch Lasten bis zu 2 t unterbringen ließen. Neben der Kommandantenluke verfügt das Dach über zwei große rechteckige Luken zum Ein- und Ausstieg. Alle Modifikationen des Typ 77 erhielten eine halbautomatische Feuerlöschanlage ähnlich den Schwimmpanzern Typ 60/63. Es gibt keine Nebelmittelwurfanlage, doch besteht die Möglichkeit zum Vernebeln durch Einspritzen von Kraftstoff in die Abgasanlage.

Das durch eine wasserdichte gepanzerte Trennwand vom Mannschaftsraum abgetrennte Motorabteil im Heck entspricht dem Schwimmpanzer Typ 63. Es beherbergt einen wassergekühlten Zwölfzylinder-Dieselmotor 12150L2, Getriebe, Kraftstofftanks und zwei Wasserstrahlantriebe. Der V-Motor ist eine „entschärfte" Version des sowjetischen Panzerdiesels W-54 und leistet 400 PS. Die Kraftübertragung auf die Wasserstrahldüsen erfolgt über Getriebe. Die Wasserstrahlauslässe im Heck sind für den Vorwärtsantrieb ausgelegt. Werden sie durch gepanzerte Klappen geschlossen, tritt das Wasser durch

Das Überwinden von Wasserhindernissen gehört zum Kleinen Einmaleins des gepanzerten Mannschaftstransportwagen Typ 77.

geschlitzte Öffnungen an den Seiten aus und sorgt für die Rückwärtsfahrt. Das einzeln torsionsgefederte Fahrwerk weist je Seite sechs Laufrollen auf; Antriebsrad am Heck. Die erste und letzte Federungseinheit erhielt hydraulische Stoßdämpfer. Der Typ 77 verfügt dank des stärkeren Motors über eine höhere Schnelligkeit und Beweglichkeit als der Typ 66. Auf befestigten Straßen erreicht er 60 km/h und im Wasser 11–12 km/h. Im Gelände überwindet er bis zu 2,8 m breite Gräben und 1,1 m hohe senkrechte Hindernisse. Der Fahrbereich beträgt 370 km.

Auf Basis des Typ 77 entstanden folgende Kampf- und Unterstützungsfahrzeuge:

- Typ 77 als Fahrzeug für Artilleriebeobachter;
- Typ 77 als Bergefahrzeug;
- Typ 77 als Tankfahrzeug:
- Typ 77 als Führungs- und Stabsfahrzeug;
- Typ 89 (PLZ-89) als 122-mm-Panzerhaubitze.

Chinesische Marineinfanteristen beim Anlanden mit gepanzerten Mannschaftstransportwagen Typ 77. Ob sie im Ernstfall auch ihre weißen Matrosenmützen getragen hätten?

Gepanzerter Mannschaftstransportwagen Typ 89 (YW-534)

Kurz nachdem der gepanzerte MTW Typ 85 in Serie gegangen war, begannen Norinco-Ingenieure mit der Entwicklung seiner verbesserten Ausführung mit Werksbezeichnung YW-534. Das Fahrzeug wurde in den späten 1980er-Jahren von der VBA als Typ 89 übernommen, wobei sich die Bezeichnung später in ZSD-89 änderte. Derzeit zählt die VBA etwa 1750 MTW dieses Typs und Fahrzeuge auf Basis des ZSD-89 im Bestand. Der Typ 85 unterscheidet sich vom Typ 85 durch verbesserte taktische und technische Eigenschaften, wobei Einteilung und Aufbau gleich blieben. Auch Lage und Zahl der Dachluken änderten sich nicht. Kommandant und Fahrer erhielten passive Nachtsichtgeräte neuer Bauart. Der Fahrer verfügt über drei Winkelspiegel, wobei sich der mittlere durch ein Nachtsichtgerät ersetzten lässt, und der Kommandant über ein binokulares Sichtgerät sowie über eine neu gestaltete Luke, deren flacher Deckel sich nun nach vorn öffnet. Das Wannenheck stattete man zu beiden Seiten der Mannschaftstür mit kastenförmigen externen Kraftstoffbehältern aus, die eine Verlängerung der seitlichen Panzerplatten darstellen. Anstelle des Maschinengewehrs Typ 54 erhielt das Fahrzeug ein neues 12,7-mm-MG W-85 mit verbesserten Gefechtseigenschaften. Der oben offene MG-Turm mit seinen nach oben und unten abgeschrägten Wänden, der an die deutschen Flakpanzer „Wirbelwind" oder „Ostwind" des 2. Weltkriegs erinnert, nur verkleinert, blieb sich gleich. Zur Erhöhung der Feuerkraft durch

Technische Angaben Gepanzerter Mannschaftstransportwagen Typ 89	
Besatzung, Personen	2 + 13
Gefechtsgewicht, t	13,6
Abmessungen, mm:	
Wannenlänge	6125
Breite	3060
Höhe	2590
Bewaffnung (Kaliber), mm:	
Kanone	keine
Maschinengewehr	1 x 12,7
Kampfbeladung, Schuss:	
Kanone	keine
Maschinengewehr	1120
Motorleistung, PS	360
Höchstgeschw. km/h:	
auf befestigten Straßen	65
schwimmend	6
Fahrbereich, km	500

Gepanzerter Mannschaftstransportwagen Typ 89, rechte Buganischt.

den Schützentrupp mit Sturmgewehren erhielt der Typ 89 zusätzliche Schießpforten mit verglasten Sichtöffnungen darüber – insgesamt neun: je vier auf der rechten und linken Seite und eine am Heck. Gegen ABC-Waffen schützt den Typ 89 u. a. eine Luftfilteranlage und gegen Brände eine automatische Feuerlöschanlage. Links und rechts des Bugs baute man eine Nebelmittelwurfanlage zu je vier Wurfbechern an, so dass die Scheinwerfer etwas weiter nach vorn versetzt werden mussten. Auch im Motor- und Getriebeabteil gab es Änderungen. Der luftgekühlte Dieselmotor BF8L413C wurde auf 360 PS leistungsgesteigert, außerdem Zuverlässigkeit und Wirtschaftlichkeit verbessert. Dazu kam ein verbessertes Getriebe. Im Vergleich zum Typ 85 weist das Dach über dem Motor größere Kühlschlitze auf, die Luftzufuhr und Kühlung verbessern. Das Laufwerk mit seinen fünf gummibereiften und kardanisch aufgehängten Laufrollen und drei Stützrollen entspricht ebenfalls dem Typ 85; Antriebsrad vorn. Bei den einzeln drehstabgefederten Laufrollen erhielten die erste, zweite und fünfte Rolle hydraulische Stoßdämpfer. Die Stahlkette lässt sich mit Gummipolstern versehen. Den oberen Teil der Kette verdeckt eine vierteilige Seitenschürze. Als amphibisches Fahrzeug erhielt der Typ 85 ein Schwallschild. Im Wasser erfolgt der Antrieb über die Ketten mit bis zu 6 km/h. Auf Grundlage des Typ 89

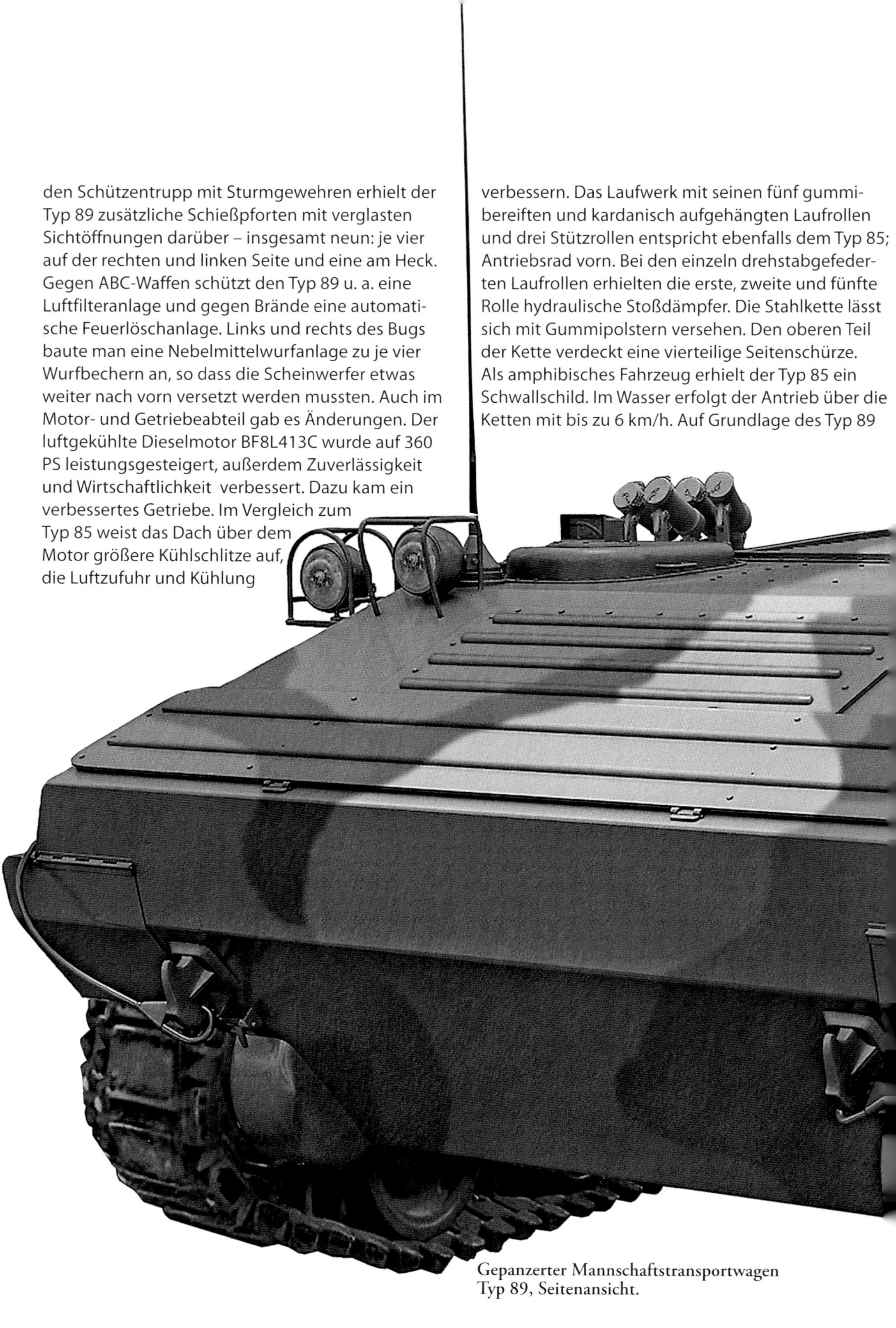

Gepanzerter Mannschaftstransportwagen Typ 89, Seitenansicht.

Der gepanzerte Mannschaftstransportwagen Typ 89 kommt nicht nur im Wasser, sondern auch in schwierigem Gelände zurecht.

(YW-534) entstanden folgende Kampf- und Unterstützungsfahrzeuge:

- Typ 89 (YW-307) Prototyp eines SPz mit 25-mm-Kanone;
- Typ 89-II (WZ-534-II) Produktionsmodell ZSD-89-II;
- Typ 89 (ZDF-1) Träger für drahtgelenkte Panzerabwehrraketen;
- Typ 89 Mehrfachraketenwerfer 122 mm;
- Typ 89 (GCL-45) Fahrzeug für Artilleriebeobachter;
- Typ 89 (ZCY-45) Feuerleitfahrzeug Artillerie;
- Typ 89 Artillerie-Aufklärungsfahrzeug mit Radar;
- Typ 89 (ZHB-94) gepanzertes Bergefahrzeug;
- Typ 89 (ZJX-93) gepanzertes Instandsetzungs- und Bergefahrzeug;
- Typ 89 Fahrzeug zur elektronischen Kampfführung;
- Typ 89 gepanzertes Sanitätsfahrzeug;
- Typ 89 gepanzerter Tankwagen;
- Typ 89 gepanzertes Räumfahrzeug;
- Typ 89 gepanzertes Minenlegefahrzeug;
- Typ 89 geschütztes Polizeifahrzeug.

Gepanzerter Mannschaftstransportwagen Typ 89 mit seinem charakteristisch geformten MG-Turm, der an deutsche Flakpanzer des 2. Weltkriegs erinnert.

Gepanzerte Mannschaftstransportwagen Typ 89 bei einer großen Parade.

Der Schützentrupp beim Absitzen über die Hecktür des gepanzerten MTW Typ 89.

Gepanzerter Mannschaftstransportwagen ZFB-05

Die Entwicklung gepanzerter Fahrzeuge in der VR China ist in der Regel Sache des staatlichen Norinco-Konzerns. Die interne wirtschaftliche Öffnungspolitik der chinesischen Führung in den letzten Jahrzehnten ließ jedoch wieder private Unternehmen zu und ermöglichte es diesen, sich an der Rüstungsentwicklung bzw. -produktion zu beteiligen. Dazu gehört auch die Firma Shaanxi Baoji Special Vehicles Co. Ltd., die 2005 das leicht gepanzerte Fahrzeug ZBF-05 auf den Markt brachte. ZBF-05 war ursprünglich nur für den Export nach Asien und Afrika als geschütztes Polizeifahrzeug vorgesehen. Die VBA kam jedoch zu dem Schluss, dass der ZBF-05 auch für ihre Zwecke als Begleit-, Wach-, Verbindungsfahrzeug usw. tauge und stufte ihn als leicht gepanzerten MTW ein. Der ZBF-05 baut auf dem Fahrgestell des leichten Zweiachs-Lkw Nanjing

Technische Angaben Gepanzerter Mannschaftstransportwagen ZFB-05	
Besatzung, Personen	2 + 9
Gefechtsgewicht, t	4,5
Abmessungen, mm:	
Wannenlänge	5275
Breite	2540
Höhe	2260
Bewaffnung (Kaliber), mm:	
Kanone	keine
Maschinengewehr	1 x 12,7
Kampfbeladung, Schuss:	
Kanone	keine
Maschinengewehr	300
Motorleistung, PS	118 oder 130
Höchstgeschwindigkeit km/h	100
Fahrbereich, km	800–850

Der gepanzerte Mannschaftstransportwagen ZFB-05 war vor seiner Einführung bei den Streitkräften ursprünglich nur für den Export und als geschütztes Polizeifahrzeug vorgesehen.

ZFB-05 mit geöffneter Fahrertür und schönem Blick auf den Waffenturm mit 23-mm-Maschinenkanone. Man beachte die ausgefahrenen „Froschaugen“.

NJ2046 auf, seinerseits eine Kopie des italienischen Iveco 40.10WM. Vorn befinden sich das mit kugelsicherem Glas versehene Führerhaus mit Sitzen für Fahrer und Kommandant, dahinter auf der rechten Seite das Motor-/Getriebeabteil. Der Truppenraum im Heck nimmt bis zu 9 Personen auf, die über die Heck- und Seitentüren (nach vorne versetzt) auf- und absitzen. Die Wanne besteht aus geschweißten

ZFB-05 als geschütztes Polizeifahrzeug mit Lautsprechern, die man wohl kaum überhören kann.

Panzerstahlplatten und bietet nach Herstellerangaben Schutz gegen Handwaffengeschosse und leichte Granatsplitter. Die Bewaffnung besteht aus einem 12,7-mm- oder 7,62-mm-Maschinengewehr auf dem Wannendach. Es gibt auch eine Variante mit 23-mm-Maschinenkanone in einem Rundturm. Für den Antrieb sorgt ein Dieselmotor SOFIM 8142.43 zu 118 PS oder SOFIM 8142.45 zu 130 PS. Er verleiht dem 4,5 t schweren Fahrzeug eine Höchstgeschwindigkeit von bis zu 100 km/h auf befestigten Straßen. Dank des allradgetriebenen 4 x 4-Fahrgestells kann der ZFB-05 bis zu 0,5 m breite Gräben, 0,5 m hohe senkrechte Hindernisse und 0,75 m tiefe Gewässer überwinden. Der Fahrbereich liegt bei 800–850 km. Auf Grundlage des ZFB-05 entstanden weitere Fahrzeuge:

- Ein leichtgepanzerter MTW mit Klimaanlage und ABC-Schutzanlage;
- ein Führungs- und Stabsfahrzeug;
- ein Sanitätsfahrzeug;
- ein Polizeifahrzeug mit Wasserwerfer;
- ein Polizeifahrzeug mit starker Lautsprecheranlage;
- ein Trägerfahrzeug für 8 Boden-Luft-Raketen QW-4 in schwenkbarer Starteinrichtung auf dem Dach;
- 2008 erschien eine verlängerte 6 x 6-Ausführung ZFB-08..

Gepanzerter Mannschaftstransportwagen ZFB-05 mit eingefahrenen „Froschaugen“ und geschlossener Fahrertür.

Gepanzerter Mannschaftstransportwagen Typ 08 (ZSL-08)

1999 schlug General Eric K. Shinseki, seines Zeichens frischgebackener Stabschef des US-Heeres, die Bildung leichter mechanisierter Brigaden mit Fahrzeugen vor, die zwar einen geringeren Schutz als Kampf- und Schützenpanzer aufweisen, aber hochbeweglich sind und sich mit mittleren Transportflugzeugen C-130 „Hercules" oder größeren Militärtransportern luftverfrachten lassen. Bei diesen schnellen Eingreifbrigaden sollte es sich um eigenständige Kampfverbände handeln, die innerhalb von 96 Stunden Verlegungsbereitschaft herstellen konnten und unmittelbar nach der Landung zu Kampfeinsätzen befähigt sein würden. In Übereinstimmung mit diesem Konzept begann das US-Heer mit der Aufstellung luftbeweglicher mechanisierter Brigaden, die mit gepanzerten Fahrzeugen auf Grundlage des Radschützenpanzers

Technische Angaben Gepanzerter Mannschaftstransportwagen ZSL-08	
Besatzung, Personen	3 + 10–11
Gefechtsgewicht, t	20
Abmessungen, mm:	
Wannenlänge	8000
Breite	3000
Höhe	2100
Bewaffnung (Kaliber), mm:	
Kanone	keine
Maschinengewehr	1 x 12,7
Kampfbeladung, Schuss:	
Kanone	
Maschinengewehr	200
Motorleistung, PS	440
Höchstgeschw.km/h: **auf befestigten Straßen** **schwimmend**	 100 8–10
Fahrbereich, km	800

Exportausführung VN-1 auf Basis des ZSL-08 bei einer Vorführung mit abgesessenem Schützentrupp. Man beachte die schiere Länge des Achtrad-Fahrzeugs.

Gepanzerter Mannschaftstransportwagen Typ 08 ohne Bewaffnung.

M1126 „Stryker“ ausgestattet wurden. Der Vorschlag Shinsekis wurde Anfang der 2000er-Jahre nicht nur in den USA, sondern auch in der Volksrepublik China umgesetzt: Einige mechanisierte Brigaden der VBA wurden zu Verbänden mit gepanzerten Radfahrzeugen Typ 08 umgerüstet. Das Grundmodell der Familie Typ 08 bildete der 8x8- Radschützenpanzer ZBL-08. Auf seiner Basis wurden etwa 30 Kampf- und Unterstützungsfahrzeuge entwickelt, darunter der gepanzerte MTW ZSL-08 und seine Schützenpanzer-Ausführung gleichen Namens. Beim ZSL-08 und seinen Abarten sitzen Motor und Getriebe vorn im Bug, um im mittleren und hinteren Teil der Wanne genug Platz für Soldaten oder Waffen zu schaffen. Die Wanne aus geschweißten Panzerstahlblechen bietet am Bug sogar Schutz vor schwereren Geschossen, sonst aber nur vor Handwaffenprojektilen und Granatsplittern. Der Truppenraum bietet Platz für zehn Infanteristen in Kampfausrüstung und in seiner Ausstattung einen gewissen ballistischen Schutz gegen die Druckwirkung von Minen und Sprengfallen. Der Zugang erfolgt über Luken im Dach und im Heck. Die Bewaffnung des MTW besteht aus einem 12,7-mm-Maschinengewehr in einem runden, oben offenem Türmchen. Bei der Schützenpanzer-Ausführung besteht die Bewaffnung aus einer 30-mm-Maschinenkanone und einem dazugehörigen 7,62-mm-Maschinengewehr. Außerdem gibt es zwei Abschussgestelle für Panzerabwehrraketen. Im Motorabteil versieht ein mit einem halbautomatischen Getriebe gekoppelter Deutz-Dieselmotor BF6M1015C zu 440 PS seinen Dienst. Das Achtrad-Fahrgestell verfügt über Servolenkung und eine zentrale Reifendruck-Regelanlage. Auf befestigten Straßen erreicht der ZSL-08 eine Höchstgeschwindigkeit von 100 km/h und einen Fahrbereich von 800 km. Dem Durchschwimmen von Gewässern dienen zwei Wasserstrahlantriebe im Heck, die das Fahrzeug mit 8-10 km/h antreiben. Die strategische Beweglichkeit des ZSL-08 wird durch die Möglichkeit des Transports in mittleren und schweren Transportflugzeugen gewährleistet.

Gepanzerter Mannschaftstransportwagen ZBL-09

Zusätzlich zu den über 3000 8 x 8-MTW Typ 08 führte die VBA Anfang der 2000er-Jahre den 8 x 8-MTW ZBL-09 ein. Das von Norinco entwickelte Fahrzeug wurde von Beobachtern erstmals 2006 bei der Schwimmerprobung gesichtet und 2009 von den Streitkräften übernommen. Ähnlich dem Typ 08 entspross dem ZBL-09 eine Familie von Kampf- und Unterstützungsfahrzeugen. Dass die Chinesen zum Typ 08 eine weitere, nahezu identische Familie ZBL-09 schufen, ist wahrscheinlich auf deren bessere Seetüchtigkeit und Eignung für amphibische Operationen zurückzuführen. Der Entwurf des ZBL-09 basiert auf einem ähnlichen Schema wie beim 08. Im linken Wannenbug sitzt der Fahrer und hinter ihm der Kommandant. Rechts vom Fahrersitz befindet sich das Motor-/Getriebeabteil. Der Kampfraum in der Mitte verfügt über ein rundes Waffentürmchen.

Technische Angaben Gepanzerter Mannschaftstransportwagen ZBL-09	
Besatzung, Personen	3 + 10–11
Gefechtsgewicht, t	20
Abmessungen, mm:	
Wannenlänge	8000
Breite	2000
Höhe	2100
Bewaffnung (Kaliber), mm:	
Kanone	keine
Maschinengewehr	1 x 12,7
Kampfbeladung, Schuss:	
Kanone	keine
Maschinengewehr	300
Motorleistung, PS	440
Höchstgeschw. km/h:	
auf befestigten Straßen	100
schwimmend	8
Fahrbereich, km	800

Schützenpanzer-Ausführung ZBL-09 mit Drehturm und 30-mm-Kanone, über doe der MTV nicht verfügt. Schmückende Weißwandreifen kommen auf Paraden immer gut, auch wenn das Fahrzeug sonst ganz in Tarnfarben gehalten ist.

Seitenansicht Schützenpanzer-Ausführung ZBL-09.

Im hinteren Teil finden je nach Ausführung 7–10 Soldaten Platz, die über die Hecktür auf- und absitzen. Fahrer und Kommandant haben es nicht so bequem und müssen über die Dachluken ins Innere klettern. Die Wanne aus verschweißten Panzerplatten bietet am Bug Schutz vor panzerbrechenden 12,7-mm-Geschossen. In der MTW-Ausführung ist der ZBL-09 mit einem 12,7-mm-MG in einem nach oben offenen Drehtürmchen bewaffnet (wahlweise statt MG ein Maschinengranatwerfer 40 mm), während die SPz-Variante einen geschlossenen Drehturm mit 30-mm-Maschinenkanone 2A72 und 7,62-mm-Maschinengewehr aufweist. Die Kanone ist mit Traversen versehen, um die Steifigkeit beim Abfeuern zu gewährleisten, was die Genauigkeit erhöht. An den Turmseiten sind Schienen zum Abschuss von Panzerabwehrlenkraketen HJ-73 installiert sowie links und rechts der Turmfront je drei Wurfbecher für Nebelmittel. Beim Motor handelt es sich wie beim Typ 08/ZSL-08 um einen Sechszylinder-Diesel

ZBL-09, linke Seitenansicht. Den Weißbandreifen nach zu urteilen, entstand das Foto ebenfalls auf einer Parade.

Die Schützenpanzer-Ausführung des ZBL-09 charakterisiert der geschlossene Drehturm mit 30-mm-Maschinenkanone 2A72 und 7,62-mm-Maschinengewehr.

Deutz BF6M1015C in V-Form mit 440 PS. Die Räder des 8 x 8-Fahrgestell sind einzeln drehstabgefedert und verfügen über hydraulische Stoßdämpfer. Auf befestigten Straßen erreicht der ZBL-09 eine Höchstgeschwindigkeit von 100 km/h. Er überwindet senkrechte Wände bis 0,55 m Höhe und Gräben bis 1,8 m Breite. Wasserhindernisse durchschwimmt er dank seiner beiden Propeller mit bis zu 8 km/h. Der Fahrbereich beträgt 800 km. Die ZBL-09-Familie umfasst folgende Ausführungen:

- Schützenpanzer ZBL-09;
- Gepanzerter Mannschaftstransportwagen ZBL-09;

Als gepanzerter Mannschaftstransportwagen führt der ZBL 09 nur ein 12,7-mm-MG in einem oben offenen Drehtürmchen als Hauptbewaffnung.

- Pionierfahrzeug;
- Panzerspähwagen;
- Selbstfahrlafette 105 mm PTZ-09;
- Selbstfahrlafette 122 mm PLL-09;
- Selbstfahrlafette 155 mm PLZ-09;
- Mörserträger 120 mm PLL-09;
- Flakpanzer 30 mm CS/SA-5;
- Sanitätspanzer ZSL-10;
- Brückenlegepanzer;
- Panzerjäger 105 mm ZTL-09;
- Führungs- und Stabsfahrzeug ZSL-09;
- VN1 ist eine Exportvariante.

Radschützenpanzer Typ 92A (WZ-551) / ZSL-92A

Die mittleren und schweren Brigaden der VBA verfügen über etwa 1800 Sechsrad-Schützenpanzer Typ 92 (Werksbezeichnung WZ-551, neue Armeebezeichnung ZSL-92A). Außerdem exportierte China mehrere hundert weitere Fahrzeuge in asiatische und afrikanische Länder. Es handelt sich um eine Norinco-Entwicklung von Anfang der 1980er-Jahre, welche die VBA 1985 unter der Bezeichnung Typ 92 übernahm; später änderte sich die Bezeichnung in ZSL-92A. Öffentlich in Erscheinung trat der Typ 92A erstmals 1986 bei einer Militärparade in Peking. In Erscheinung und Aufbau ähnelt der Typ 92A sehr dem französischen Spz Renault VAB mit Fahrer links und Kommandant rechts im Bug, getrennt durch eine stählerne Wand mit Zugangstür vom Truppenraum, der den mittleren und hinteren Teil der Wanne einnimmt. Dort finden bis zu neun Infanteristen in Kampfausrüstung Platz. Wie beim VAB befindet sich das Motor-/Getriebeabteil zwischen Führer- und Mannschaftsraum, abgeschottet durch schalldämpfende Trennwände.

Die vollständig geschlossene Wanne des Typ 92A ist eine Schweißkonstruktion aus gewalzten Panzerstahlplatten. Die Panzerung schützt vor Handwaffengeschossen und leichten Granatsplittern. Fahrer und Kommandant sitzen über zwei Seitentüren bzw. zwei Dachluken auf und ab; die Kampfraumbesatzung über eine Hecktür bzw. über eine Notausstiegsluke

Technische Angaben Radschützenpanzer Typ 92A / ZSL-92A	
Besatzung, Personen	3 + 9
Gefechtsgewicht, t	15,3
Abmessungen, mm:	
Wannenlänge	6730
Breite	2860
Höhe	2100
Bewaffnung (Kaliber), mm:	
Kanone	1 x 25
Maschinengewehr	1 x 7,62
Kampfbeladung, Schuss:	
Kanone	400
Maschinengewehr	1000
Motorleistung, PS	320
Höchstgeschw. km/h:	
auf befestigten Straßen	85
schwimmend	10-11
Fahrbereich, km	800

Der Radschützenpanzer Typ 92 verfügt über hervorragende Geländegängigkeit.

Die MTW-Ausführung Typ 92A ist als Transportpanzer nur mit einem 12,7-mm-MG bewaffnet.

im Wannenboden. Die Schützen können durch vier Schießöffnungen je Seite ihre Sturmgewehre zum Einsatz bringen. Im Unterschied zu den sonst üblichen chinesischen MTW verfügt der Typ 92A/ZSL-92 über eine wesentlich stärkere Bewaffnung in Form einer 25-mm-Maschinenkanone plus 7,62-mm-Maschinengewehr in einem flachen Drehturm auf dem Wannendach, weshalb das Fahrzeug mit Fug und Recht die Bezeichnung Schützenpanzer verdient. Rundum schwenkbar und dank ihres Höhenrichtbereichs von –8° bis +55° kann die Kanone sowohl Boden- als auch Luftziele bekämpfen. Außen am Turm befindet sich eine Nebelmittelwurfanlage mit zwei Wurfbechern.

Angetrieben wird der Schützenpanzer von einem deutschen Achtzylinder-V-Dieselmotor BF8L413F der Firma Deutz. Er entwickelt seine maximale Leistung von 320 PS bei 2500 U/min.

Das 6 x 6-Fahrwerk mit großen Rädern mit breitem Profil, Notlaufeigenschaften und Reifendruck-Regelanlage verleiht dem Typ 92A/ZSL-92 eine hohe Geländegängigkeit. Er bewältigt Steigungen bis 30°, überklettert bis zu 0,5 m hohe senkrechte Hindernisse und überschreitet bis zu 1,2 m breite Gräben. Im Falle beschädigter Reifen kann der Rad-SPz bei 40 km/h bis zu 100 km zurücklegen. Wasserhindernisse durchschwimmt der Schützenpanzer dank zweier Heckpropeller mit bis zu 11 km/h. Bei Landfahrten sind die Propeller vertikal angeordnet, zum Schwimmen werden sie um 90° gedreht. Zur Ausstattung gehören eine Funk- und eine Navigationsanlage, passive Nachtsichtgeräte, eine ABC-Schutz- sowie eine Feuerlöschanlage. Folgende Kampf- und Unterstützungsfahrzeuge entstanden auf Grundlage des Typ 92A/ZSL-92:

- ZSL-92: Serienausführung mit 25-mm-Maschinenkanone;
- ZSL-92A: Transportpanzer mit 12,7-mm-Maschinengewehr;
- ZSL-92B: Mit vollständig geschlossenem Turm, 30-mm-Maschinenkanone (ZPT-99), Zwillings-MG und Panzerabwehrrakete HJ-73;
- PTL-02: Infanterie-Unterstützungsfahrzeug (Panzerjäger) mit 100-mm-Glattrohrkanone;
- PLL-05: Geschützträger mit halbautomatischem Vielzweck-Glattrohrgeschütz 120 mm (Nachbau der russischen Selbstfahrlafette 2S9 „Nona-S“);
- WZ-901: Geschütztes Polizeifahrzeug zur Auflösung von Demonstrationen;
- WZ-901F (Typ 86): Aufklärungsfahrzeug;
- XJZ-92: Gepanzertes Bergefahrzeug;
- Gepanzertes Befehlsfahrzeug;
- Gepanzertes Sanitätsfahrzeug;
- Spähpanzer;
- „Yitian“: Prototyp eines selbstfahrenden Boden-Luft-Raketensystems.

Im Truppenraum des Radschützenpanzers Typ 92 finden bis zu neun Infanteristen in Kampfausrüstung Platz.

Radschützenpanzer Typ 92, Bugansicht. Die Hauptbewaffnung stellt eine 25-mm-Maschinenkanone dar.

Radschützenpanzer NGV-1 (ZSL-92)

Anfang der 1990er-Jahre entwickelte Norinco den Schützenpanzer NGV-1 zur Ausrüstung der schnellen Eingreiftruppen der VBA und für den Export. Das Fahrgestell des Radschützenpanzers Typ 92 (WZ-551) diente als Grundlage. Das neue Fahrzeug wurde unter der Bezeichnung ZSL-92 in Dienst gestellt; die VBA soll mittlerweile über 1150 ZSL-92 verfügen. Der Grundaufbau des Typ 92 blieb nahezu unverändert. Im Bug der aus Panzerblechen geschweißten Wanne sitzt der Fahrer links und der Kommandant rechts. Eine versiegelte Trennwand mit Tür zu einem Verbindungsgang trennt sie vom Kampf- und Truppenraum. Im Dach über den beiden befinden sich Luken mit Winkelspiegeln, aber in der Regel nutzen sie verglaste Fenster als Ausblicke, die unter Gefechtsbedingungen mit gepanzerten Abdeckungen verschlossen werden. Bei „Luken dicht" beobachten sie über die je drei Winkelspiegel, von denen sich die mittleren gegen Infrarot-Nachtsichtgeräte tauschen lassen. Das Motor-/Getriebeabteil befindet sich leicht nach links versetzt hinter dem Steuerraum, vom Mannschaftsraum durch eine Trennwand abgeschottet. Die Luftzufuhr für den Motor und seine Kühlung erfolgt über Lüftungsschlitze im Dach; die

Technische Angaben Radschützenpanzer ZSL-92	
Besatzung, Personen	3 + 8
Gefechtsgewicht, t	15,3
Abmessungen, mm:	
Wannenlänge	6650
Breite	2800
Höhe	1950-2890
Bewaffnung (Kaliber), mm:	
Kanone	1 x 25
Maschinengewehr	1 x 7,62
Kampfbeladung, Schuss:	
Kanone	400
Maschinengewehr	1000
Motorleistung, PS	320
Höchstgeschw. km/h:	
auf befestigten Straßen	85
schwimmend	7
Fahrbereich, km	600

Abgase verlassen das Abteil über ein Auspuffrohr, das an der linken Wannenseite nach hinten verläuft. Eine Tür an der Backbordseite zwischen dem ersten und dem zweiten Rad dient zu Wartungszwecken. Im hinteren Teil der Wanne befindet sich der Truppenraum. Zum Auf- und Absitzen nutzen die Schüt-

Radschützenpanzer NGV-1, Seitenansicht.

zen eine große Hecktür, die über eine Sicht- und eine Schießöffnung verfügt, oder die vier rechteckigen Dachluken, deren Deckel in senkrechter Stellung arretieren. An jeder Wannenseite befinden sich drei weitere Schießscharten mit Winkelspiegeln darüber im Dach. Jede Schießpforte erhielt eine Absaugvorrichtung für Pulvergase, die bei wilder Ballerei auch bei Handwaffen lästig werden. Bei der im mittleren Kampfraum in einen Drehturm eingebauten Hauptbewaffnung gibt es mehrere Möglichkeiten:

- 25-mm-Maschinenkanone (Nachbau der US-amerikanischen M242 „Bushmaster") gepaart mit einem 7,62-mm-Maschinengewehr Typ 86 in einem flachen Rundturm mit Richtschützensitz. Der Richtschütze verfügt über eine Turmluke mit nach rechts öffnendem Deckel und zwei Winkelspiegeln. Zum Zielen verwendet er ein kombiniertes Tag-/Nacht-Visier. Die MK verschießt panzerbrechende und Spreng-/Splittermunition; ihre Feuergeschwindigkeit lässt sich – neben Einzelfeuer – auf eine Kadenz von 100, 300 oder 500 Schuss pro Minute einstellen. Die Kampfbeladung umfasst 400 Schuss, von denen 200 in einem Stauraum lagern. Das Maschinengewehr verfügt über 1000 Schuss. Außen an den Turmseiten befindet sich eine Nebelmittelwurfanlage zu je vier Wurfbechern.
- 25-mm-Maschinenkanone M811 der französischen Firma GIAT und ein dazugehöriges 7,62-mm-Maschinengewehr in einem Einmannturm GIAT „Dragar". Die Kanone bringt es auf bis zu 400

Der Radschützenpanzer NGV-1 führt als Hauptbewaffnung eine 25-mm-Maschinenkanone, hier die M811 der französischen Firma GIAT.

Bugansicht Radschützenpanzer NGV-1, Schutzklappen für die Frontfenster geöffnet..

Schuss in der Minute, Kampfbeladung 650 Schuss. Die gegurtete Munition ist in der Fahrzeugwanne untergebracht. Das Maschinengewehr verfügt über 1400 Schuss, die ebenfalls in der Fahrzeugwanne lagern. Das Richten der Turmwaffen erfolgt elektromechanisch oder manuell. Eine zweiachsige Waffenstabilisierung erlaubt die Zielbekämpfung auch während der Fahrt. Das kombinierte Periskopvisier mit Wärmebildgerät befindet sich auf dem Turmdach. Außerdem verfügt der Richtschütze über eine Turmluke mit Winkelspiegeln und außen an den Turmseiten befindet sich eine Nebelmittelwurfanlage zu je drei Bechern.

- 73-mm-Glattrohrkanone (Nachbau der sowjetischen 2A28 „Grom") mit koaxialem 7,62-mm-Maschinengewehr in einem Einmann-Drehturm; Höhenrichtbereich −3,5° +30,5°. An der Turmblende Abschussvorrichtungen für vier Panzerabwehrlenkraketen HJ-73. Die Kanone wird händisch bzw. elektromechanisch gerichtet und der Richtschütze zielt über kombiniertes Tag-/Nachtvisier. Die Zufuhr erfolgt aus einem Magazinschacht für Granatpatronen.

Für den Antrieb des ZSL-92 sorgen ein luftgekühlter 320-PS-Dieselmotor BF8L413F und ein Automatikgetriebe mit neun Vorwärts- und einem Rückwärtsgang. Das mit hydraulischen Stoßdämpfern versehene 6 x 6-Fahrwerk mit Einzelradaufhängung lenkt über die Räder der ersten und zweiten Achse. Auf befestigten Straßen erreicht das Fahrzeug eine Höchstgeschwindigkeit von 85 km/h und überschreitet im Gelände bis zu 1,2 m breite Gräben und 0,5 m hohe senkrechte Hindernisse. Tiefere Gewässer überwindet es schwimmend mit zwei Heckpropellern, die sich um 180 Grad schwenken lassen. Vor dem Zuwassergehen werden das Schwallschild am Bug aufgeklappt und die Lenzpumpen eingeschaltet.

Zur Standardausrüstung des Radschützenpanzers gehören eine ABC-Schutz- sowie eine automatische Feuerlöschanlage, Infrarot-Nachtsichtgeräte, eine Reifendruck-Regelanlage und so genannte beschusssichere Reifen. Berichten zufolge kann das Fahrzeug mit zerschossenen Reifen noch 100 km mit bis zu 40 km/h zurücklegen.

Auch für den Radschützenpanzer NGV-1 gibt es Weißbandreifen. Diese „Paradeschminke" steht bei der VBA und anderen östlichen Armeen noch immer hoch im Kurs.

Radschützenpanzer VP-10

Anfang der 2000er-Jahre arbeitete China an der Entwicklung eines universellen gepanzerten Rad-SPz zur Ausrüstung mittelschwerer Verbände nach Vorbild der amerikanischen „Stryker"-Brigaden. Ein solches 8 x 8-Fahrzeug namens VP-10 stellte Norinco auf der „AirShow China 2016" vor. Wie bei vielen modernen Radschützenpanzern befinden sich Motor und Getriebe sowie der Steuerraum im Bug, dahinter der Kampf- und Truppenraum. Der Bug der geschweißten Panzerwanne weist ein keilförmiges Profil aus mehreren Panzerstahlblechen auf. Die obere, besonders flache Bugplatte bietet aufgrund ihrer Schrägung besonderen Schutz für Besatzung und Motor. Die oberen Seitenbleche neigen sich leicht nach außen, die unteren nach innen. Das Dach verfügt über eine große waagrechte Deckplatte und mehrere kleine für den Einbau von Waffen und

Technische Angaben Radschützenpanzer VP-10	
Besatzung, Personen	2–3 + 12
Gefechtsgewicht, t	12,5
Abmessungen, mm:	
Wannenlänge	6900
Breite	2700
Höhe	2100
Bewaffnung (Kaliber), mm:	
Kanone	1 x 30
Maschinengewehr	1 x 7,62
Kampfbeladung, Schuss:	
Kanone	
Maschinengewehr	
Motorleistung, PS	360
Höchstgeschw. km/h:	
auf befestigten Straßen	106
schwimmend	8
Fahrbereich, km	800

Der Radschützenpanzer VP-10 in der Panzerjäger-Ausführung mit 105-mm-Kanone.

Gerät. Hinzu kommen mehrere Dachluken und eine hydraulische Heckrampe für das Auf- und Absitzen. Sollte die Hydraulik ausfallen, steigt die Besatzung über eine Tür in der Heckrampe auf und zu. Norinca sah für den VP-10 mehrere Bewaffnungsmöglichkeiten vor. Als MTW führt er nur ein 12,7-mm-Maschinengewehr in einem oben offenen Türmchen auf dem Dach des Kampfraums. Als SPz trumpft er mit einem Kampfmodul aus 30-mm-Maschinenkanone und 7,62-mm-Maschinengewehr auf. Die auf der „AirShow China 2016" vorgestellte Variante war sogar mit einer 40-mm-Maschinenkanone im Kampfmodul CS/AA5 ausgestattet. Dieses verfügt über einen relativ großen Turm, der den Einbau verschiedenster Waffen und Optiken erlaubt und so ein breites Ausstattungsspektrum bietet. Im Einklang mit aktuellen Trends handelt es sich um einen unbemannten und ferngesteuerten Kampfsatz, so dass sich zum einen kein Besatzungsmitglied darin exponieren muss, zum anderen zusätzlicher Platz im Truppenraum geschaffen wird. Die 40-mm-Maschinenkanone hat eine Feuergeschwindigkeit von 100–200 Schuss pro Minute. Auf der „Airshow China 2016" wurden zwei Munitionstypen für diese neue 40-mm-Kanone präsentiert: eine Spreng-Splitter-Granate CS/BTE3 mit 1000 m/s und ein panzerbrechendes Unterkalibergeschoss CS/BAA3 mit 1450 m/s Mündungsgeschwindigkeit. Es soll noch auf 1000 m 130 mm Panzerstahl durchschlagen, unter günstigen Bedingungen sogar bis zu 160 mm. Ein Kampfmodul mit 105-mm-Kanone macht den VP-10 zum Panzerjäger. Die Kanone soll mit panzerbrechender Munition eine 650 mm dicke Panzerplatte einschließlich reaktiver Panzerung durchschlagen. Im Motor-/Getriebeabteil ist ein 360 PS leistender Dieselmotor eingebaut. Die relativ hohe Motorleistung in Verbindung mit dem 8 x 8-Fahrgestell verleiht dem Fahrzeug eine hohe Beweglichkeit und Geländegängigkeit; nicht zu vergessen die Schwimmfähigkeit dank der beiden Wasserstrahlantriebe. Auf befestigten Straßen erreicht der VP-10 eine Geschwindigkeit von bis zu 105 km/h und im Wasser bis zu 8 km/h. Der Fahrbereich liegt bei 800 km. Die strategische Mobilität wird durch die Möglichkeit gewährleistet, den VP-10 mit mittleren und schweren Transportflugzeugen zu transportieren. Aufgrund vergleichender Erprobungen wählte die VBA-Führung jedoch andere Fahrzeugtypen für die Ausrüstung seiner schnellen Eingreifbrigaden aus.

VP-10 als Panzerjäger mit 105-mm-Kanone, als Schützenpanzer trägt er ein Kampfmodul mit 30- oder 40-mm-Maschinenkanone.

Radschützenpanzer VP-10, Bugansicht.

Radschützenpanzer VP-10 bei der Fahrwerks-Erprobung.

Der geschäftstüchtige Norinco-Konzern vermarktet den VP-10 deshalb – und recht erfolgreich – auf dem internationalen Waffenmarkt.

Der VP-10 baut auf einem Achtradfahrgestell auf

Kettenschützenpanzer Typ 85 (YW-309)

Die Einführung des schwimmfähigen Kettenschützenpanzers BMP-1 bei der Sowjetarmee 1966 blieb der VBA-Führung nicht verborgen. Die chinesischen Streitkräfte wollten natürlich auch so ein Fahrzeug haben und ließen es nachbauen; parallel entstand auf Grundlage des gepanzerten Mannschaftstransportwagens Typ 85 (YW-531H) ein Kampffahrzeug mit ähnlichen Eigenschaften. Die chinesische Kopie des BMP-1 führte die VBA unter dem Namen Typ 86 (Werksbezeichnung WZ-501; siehe unten) ein. Das auf dem gepanzerten Mannschaftstransportwagen Typ 85 beruhende Fahrzeug mit Werksbezeichnung YW-309 behielt hingegen die Bezeichnung des Basismodells bei: Typ 85. Wenig überraschend weist es den gleichen Aufbau wie nämlicher MTW auf. Im vorderen Teil der Wanne sitzt auf der linken Seite der Fahrer und dahinter der Kommandant. Der Motor- und Getrieberaum befindet sich hinter einer abgedichteten Trennwand auf der rechten Seite. Im mittleren Teil der Wanne befindet sich der Kampfraum mit Einmann-Drehturm und Bewaffnung und dahinter wiederum das Truppenabteil für den achtköpfigen Schützentrupp in voller Kampfausrüstung. Dieser kann mit seinen Sturmgewehren aus drei Schießluken auf der linken, vier auf der rechten Seite und eine in der Hecktür wirken; gezielt wird über darüber befindliche geschützte Sichtfensterchen. Zum „Verstecken" nutzt der SPz je vier Nebelwurfbecher links und rechts am Bug. Die Turmbewaffnung entspricht dem BMP-1 und besteht aus einer 73-mm-Glattrohrkanone und koaxialem 7,62-mm-Maschinengewehr; der Höhenrichtbereich reicht von –3,5° bis +30,5°. Turm und Waffen lassen sich mechanisch oder elektrisch schwenken und richten; die Kanone speist sich aus einem Magazin für 40 Hohlladungsgranaten. Der Richtschütze verwendet ein kombiniertes Tag-/Nachtsichtvisier (eine Kopie des sowjetischen 1PN22M1). Seitlich der Kanonenblende befinden sich Abschussvorrichtungen für vier Panzerabwehrraketen des Typs HJ-73 „Hong Jiang" (Roter Pfeil). Ein 320 PS leistender Dieselmotor BF8L 413F, den die Chinesen mit Lizenzgenehmigung der deutschen Firma Deutz nachbau(t)en, sorgt für den Antrieb. Die Kühlerlamellen reichen bis zum Dach, das Auspuffrohr befindet sich auf der

Technische Angaben Kettenschützenpanzer Typ 85 (YW-309)	
Besatzung, Personen	3 + 8
Gefechtsgewicht, t	14,7
Abmessungen, mm:	
Wannenlänge	6270
Breite	3000
Höhe	2475
Bewaffnung (Kaliber), mm:	
Kanone	1 x 73
Maschinengewehr	1 x 7,62
Kampfbeladung, Schuss:	
Kanone	40
Maschinengewehr	2000
Motorleistung, PS	320
Höchstgeschw. km/h: auf befestigten Straßen schwimmend	 65 6
Fahrbereich, km	500

Kettenschützenpanzer Typ 85 in charakteristischem chinesischem Tarnanstrich.

Steuerbordseite. Das Laufwerk weist fünf Lauf- und drei Stützrollen je Seite auf; Antriebsrad vorn, Leitrad hinten. Auf befestigten Straßen erreicht der SPz Typ 85 eine Höchstgeschwindigkeit von 65 km/h. Im Gelände erklettert er bis zu 0,7 m senkrechte Hindernisse und überschreitet bis zu 2,5 m breite Gräben. Der Wasserantrieb erfolgt über die Ketten mit bis zu 6 km/h, wobei die vorderen Kettenabdeckungen die „Stromlinienform" verbessern und damit den Wasserwiderstand verringern. Ein Schwallschild hält überschwappendes Wasser ab. Zur Standardausrüstung des Typ 85 gehören eine automatische Feuerlöschanlage, eine ABC-Abwehr- und Luftfilteranlage sowie ein Funkgerät.

Kettenschützenpanzer Typ 85 beim Überwinden von Hindernissen in unwegsamem Gelände.

Kettenschützenpanzer Typ 86 (WZ-501)

1966 führten die Sowjets, wie erwähnt, den Kettenschützenpanzer BMP-1 ein. Er ermöglichte es der sowjetischen Infanterie im Grunde erstmals, Kampfpanzern im Gelände überallhin zu folgen und unter Panzerschutz aus einem relativ stark bewaffneten Fahrzeug heraus zu kämpfen. Die Schützen saßen nur noch ab, wenn es die Lage erforderte. Dieses Konzept war zwar nicht ganz neu, aber die Sowjets nahmen nach dem 2. Weltkrieg damit sicherlich eine Vorreiterrolle ein. Die Streitkräfte vieler Länder taten es ihnen gleich, und schon bald verfügten viele NATO- und andere Staaten über eigene Kettenschützenpanzer. Die chinesische VBA hinkte, wie bei vielen anderen Entwicklungen, Jahre hinterher. Doch Anfang der 1980er-Jahre beschloss ihre Führung ebenfalls die Ausrüstung der mot.-Schüt-

Technische Angaben Kettenschützenpanzer Typ 86	
Besatzung, Personen	3 + 8
Gefechtsgewicht, t	13,3
Abmessungen, mm:	
Wannenlänge	6740
Breite	2970
Höhe	2190
Bewaffnung (Kaliber), mm:	
Kanone	1 x 73
Maschinengewehr	1 x 7,62
Panzerabwehrlenkraketen	4 x HJ-73
Kampfbeladung, Schuss:	
Kanone	40
Maschinengewehr	2000
Panzerabwehrlenkraketen	4
Motorleistung, PS	315
Höchstgeschw. km/h: auf befestigten Straßen schwimmend	 65 7–8
Fahrbereich, km	600

Kettenschützenpanzer Typ 86 auf einer Parade.

Kettenschützenpanzer Typ 86, Seitenansicht. In vielen VBA-Brigaden bildet der Typ 86 das wichtigste gepanzerte Infanteriefahrzeug.

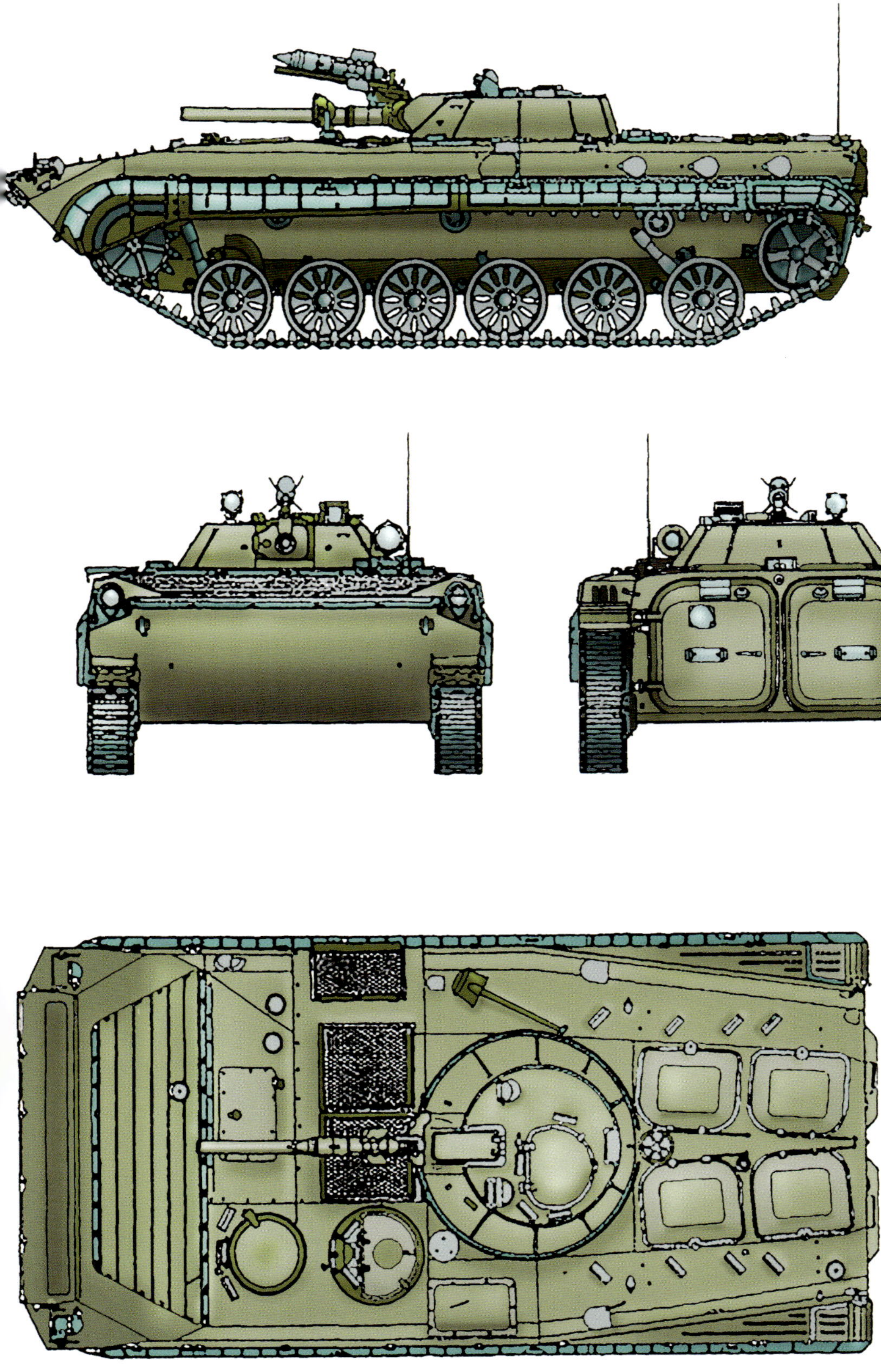

Vierseiten-Darstellung des schwimmfähigen Kettenschützenpanzers Typ 86.

Kettenschützenpanzer Typ 86 beim Ausfahren des Schwallschildes zur Schwimmfahrt

zenverbände mit Kettenschützenpanzern. Geburtshilfe leisteten die Ägypter, denn sie verkauften den Chinesen eine 1974 hergestellte Exportausführung des BMP-1. Dem Nachbau stand nach gründlichem Studium des Fahrzeugs durch Experten also nichts mehr im Weg. Unter der Werksbezeichnung WZ-501 ging ein chinesischer Nachbau des BMP-1 schließlich 1984 in die Erprobung. Die offizielle Einführung bei der VBA erfolgte 1992 unter der Bezeichnung Typ 86. Ein erstes Baulos ging an Verbände der in Nordchina stationierten 38. Armee. Insgesamt stellten die Chinesen etwa 2100 SPz Typ 86 her, von denen 2020 noch rund 600 bei Heeresverbänden und etwa 1000 bei Territorial-Einheiten in Verwendung standen. Der Aufbau des Typ 86 entspricht weitgehend dem

Der sowjetische BMP-1 diente dem Typ 86 als Bauvorlage. Im Bild ein BMP-1 des ägyptischen Heeres.

des BMP-1: Motor- und Getrieberaum rechts im Bug, Fahrer links. Der Kampfraum mit Drehturm befindet sich im mittleren Teil und dahinter der Truppenraum. Die aus gewalzten Panzerblechen geschweißte Wanne weist oben am Bug Schrägungen von 80° zur Senkrechten und an der unteren Frontplatte von 57° auf. Die Panzerung schützt vor Geschossen Kaliber 12,7 mm und Granatsplittern. Der Fahrer steuert mittels Lenkrad und beobachtet über drei Winkelspiegel, von denen sich der mittlere durch ein Nachtsichtgerät ersetzen lässt. Der Kommandant dahinter verfügt über ein kombiniertes Tag- und Nachtsichtgerät. Winkelspiegel und Sichtgeräte von Fahrer und Kommandant verfügen über eine Reinigungsanlage, die mit Druckluft und Wasser arbeitet. Sie sitzen über Dachluken auf und ab. Auf dem Dach des Kampfraums ist ein flacher, kegelstumpfförmiger Schwenkturm montiert. Darin eingebaut eine unstabilisierte 73-mm-Glattrohrkanone; ein Nachbau der sowjetischen Kanone 2A28 „Grom". Hinzu kommt ein koaxiales 7,62-mm-Maschinengewehr. In der Höhe lässt sich die Kanone im Winkelbereich von –4° bis +33° händisch oder elektrisch richten. Das Geschütz verfügt über einen elektrisch betriebenen halbautomatischen Lademechanismus, wobei die gesamte Kampfbeladung von 40 Schuss über eine Art Förderband zugeführt wird. Damit erreicht das Geschütz eine Feuergeschwindigkeit von 8–10 Schuss pro Minute. Bei einer sinnvollen Kampfentfernung von 1300 m kann es bei einer Zielhöhe von 2 m Ziele bis auf 765 m direkt bekämpfen. Die Hohlladungsgranaten durchschlagen etwa 300 mm Panzerstahl. Der Richtschütze zielt über das kombinierte Tag-/Nacht-Periskopvisier 1PN221. Das gleiche Visier verwendet er auch für den Abschuss von Panzerlenkraketen HJ-73 (Kopie der sowjetischen 9M14 „Maljutka") außen am Turm. Die effektive Reichweite der HJ-73 beträgt 500–3000 m, ihr Gefechtskopf durchdringt etwa 550 mm Panzerstahl. Die Kampfbeladung besteht aus vier Raketen. Neben den genannten schwereren Waffen sei auch die Kampfkraft des achtköpfigen Schützentrupps nicht vergessen, der mit Sturm- und leichten Maschinengewehren aus insgesamt neun Schießöffnungen wirken kann (vier je Seite und eine in der linken Hecktür). Die vorderen Schießluken sind leichten MG vorbehalten, alle anderen den Sturmgewehren. Da kommt im Gefecht ganz schön was zusammen. Oberhalb der Schießscharten befinden sich Vorrichtungen zum Absaugen von Pulvergasen und Winkelspiegel zum Zielen. Der Schützentrupp sitzt über zwei Hecktüren und vier Dachluken auf und ab. Im Motor-/Getriebeabteil versieht ein flüssigkeitsgekühlter Sechszylinder-Dieselmotor Typ 6V150 (chinesische Kopie des sowjetischen UTD-20) seinen Dienst. Er entwickelt eine Höchstleistung von 315 PS, also 15 PS mehr als der sowjetische BMP-1. Motor, Getriebe und Planetengetriebe bilden eine Einheit, die sich zu Wartungs- und Instandsetzungszwecken schnell austauschen lässt. Das drehstabgefederte Laufwerk mit hydraulischen Teleskopstoßdämpfern arbeitet mit sechs gummierten Laufrollen und drei Stützrollen je Seite; Antriebsrad vorn. Die Stahlketten decken oben am Bug strömungsgünstige Verkleidungen ab, was der Fortbewegung im Wasser zugute kommt. Darin schwimmt der SPz Typ 86 mit 7–8 km/h. Auf befestigten Straßen erreicht er eine Höchstgeschwindigkeit von 65 km/h. Dank des geringen spezifischen Bodendrucks (0,6 kg/cm^2) bereitet ihm sumpfiges und schneebedecktes Gelände wenig Schwierigkeiten. Er überwindet Steigungen bis 35°, bis zu 0,7 m hohe senkrechte Hindernisse und bis zu 2,5 m breite Gräben.

Ebenso geballter wie staubiger Typ-86-Auftritt mit stürmenden Schützen während eines Manövers. In dieser Dichte ein Traumziel für gegnerische Bomben, Geschütze und Maschinenwaffen.

Der Schützenpanzer Typ 86 spendete sein Fahrgestell für folgende Gefechts- und Unterstützungsfahrzeuge:

- NFV-1: Prototyp mit neuem Turm und US-amerikanischer 25-mm-MK M242 „Bushmaster";
- WZ-502: Mörserträger;
- WZ-503: MTW mit 12,7-mm-MG;
- WZ-504: Träger für Panzerabwehrlenkraketen (Raketenjagdpanzer);
- WZ-505: Sanitätspanzer mit Liegen für 2–3 Verwundete;
- WZ-506: Führungs- und Stabsfahrzeug.

Auch der gepanzerte Mannschaftstransportwagen WZ-503 basiert auf dem Typ 86.

Röntgenschnitt Kettenschützenpanzer Typ 86.

Die jüngste Ausführung des Typ 86 stellt der NFV-1 mit neuem Turm und 25-mm-Maschinenkanone M242 „Bushmaster“ dar.

Kettenschützenpanzer Typ 89-II (ZSD-89-II)

Technische Angaben Kettenschützenpanzer Typ 89-II	
Besatzung, Personen	3 + 7
Gefechtsgewicht, t	15,4
Abmessungen, mm:	
Wannenlänge	6150
Breite	3134
Höhe	2556
Bewaffnung (Kaliber), mm:	
Kanone	1 x 25
Maschinengewehr	1 x 7,62
Kampfbeladung, Schuss:	
Kanone	400
Maschinengewehr	1000
Motorleistung, PS	320
Höchstgeschw. km/h: auf befestigten Straßen schwimmend	 65 6
Fahrbereich, km	500

Mitte der 1980er-Jahre entwickelte Norinco einen Schützenpanzer auf Grundlage des gepanzerten Mannschaftstransportwagens Typ 89 für die VBA und für den Export. Die Bezeichnung des Fahrzeugs lautete zuerst YW-307, die Produktionsausführung hieß WZ-534-II und die VBA taufte es Typ 89-II, später ersetzt durch ZBD-89-II.

Der Aufbau des Schützenpanzers entspricht natürlich weitgehend dem des MTW. Die Wanne unterteilt sich in vier Abteile: Motor-/Getrieberaum im Bug rechts, Fahrer links, Kampfraum mit Drehturm in der Mitte, Truppenraum im hinteren Teil. Die Wanne ist aus Panzerstahlblechen geschweißt. Die Panzerung schützt vor leichten Handwaffen- und im vorderen Teil vor panzerbrechenden 12,7-mm-Geschossen. Die Wahl der Bewaffnung beeinflusste der Umstand, dass Norinco während der Konstruktion des YW-307

Kettenschützenpanzer Typ 89, Bugansicht. Die Hauptbewaffnung bildet eine scheitellafettierte 25-mm-MK M242 „Bushmaster“ plus koaxialem 7,62-mm-Maschinengewehr Typ 86 im Drehturm. Der deuzsche SPz „Marder" lässt grüßen!

Außer Gefecht gesetzter Kettenschützenpanzer Typ 89 der äthiopischen Streitkräfte, der jetzt als Abenteuerspielplatz dient.

mit amerikanischen Unternehmen zusammenarbeitete, wobei es nicht um dieses Fahrzeug, sondern um einen neuen SPz auf anderem Fahrgestell ging. Dessen flacher Drehturm sollte eine amerikanische 25-mm-Maschinenkanone M242 „Bushmaster" aufnehmen. Aus verschiedenen Gründen wurde dieses Projekt aber nicht umgesetzt. Man beschloss daher, den Turm mit Bewaffnung auf den YW-307 zu setzen. So kam dieser zu seiner Hauptbewaffnung, der 25-mm-MK M242 „Bushmaster" samt koaxialem 7,62-mm-Maschinengewehr Typ 86. Der Höhenrichtbereich des manuell oder elektrisch rundum schwenkbaren Turms reicht von –12 bis +52 Grad. Die Funktion der unstabilisierten vollautomatischen Waffe beruht auf einem externen elektrischen Kettenantrieb und einer Doppelgurt-Zuführung, die ein schnelles Umschalten von einer Geschossart zur anderen ermöglicht. Die Feuergeschwindigkeit liegt bei bis zu 500 Schuss/min und lässt sich ändern, etwa auf 100 oder 200 Schuss/min. Die Munition befindet sich im Turmboden und umfasst 400 Stück 25-mm-Patronen für die Kanone und 1000 für das MG. Der Richtschütze zielt über ein periskopisches Kombinationsvisier und sitzt über eine Luke mit Winkelspiegeln im Turmdach auf und ab. Der Truppenraum des SPz hat ein kleineres Volumen als der des MTW und ist für lediglich sieben Personen ausgelegt. Diese benutzen zum Auf- und Absitzen eine Hecktür oder im Notfall zwei rechteckige Dachluken, die sich in vertikaler Position fixieren lassen. Die Wannenseiten weisen je zwei Kugelblenden für persönliche Waffen und darüber Sichtluken auf, vermehrt um eine Schießpforte in der Hecktür. Als Motor verwendet der SPz Typ 89 einen luftgekühlten 320-PS-Dieselmotor BF8L413F der deutschen Firma Deutz, gekoppelt mit einem Sechsgang-Schaltgetriebe (der MTW verwendet den BF8L413C).
Das drehstabgefederte Laufwerk des SPz Typ 89-II entspricht dem des MTW Typ 89 und nutzt fünf gummibereifte und kardanisch aufgehängte Laufrollen sowie drei Stützrollen je Seite; Antriebsrad vorn. Die erste, zweite und fünfte Rolle erhielt hydraulische Stoßdämpfer. Die stählerne Gelenkkette lässt sich mit asphaltschonenden Gummipolstern versehen. Den oberen Kettenteil verdecken Seitenschürzen. Wie der MTW ist auch der SPz ohne Vorbereitung schwimmfähig, wobei der Antrieb im Wasser über die Ketten erfolgt. Ganz wie sein MTW-Vetter verfügt auch der SPz über eine relativ hohe Beweglichkeit. Auf befestigten Straßen erreicht er wie dieser eine Höchstgeschwindigkeit von 65 km/h; überschreitet bis 2,1 m breite Gräben und erklettert bis zu 0,7 m hohe senkrechte Hindernisse. Der Fahrbereich beträgt 500 km. Dank der Luftverlastfähigkeit können ihn Transportflugzeuge über große Entfernungen transportieren.

Draufsicht Kettenschützenpanzer
Typ 89 mit „digitalem“ Tarnanstrich.

Kettenschützenpanzer ZBD-04 (ZBD-97)

Erste Berichte über die Entwicklung eines dem sowjetisch-russischen BMP-3 ähnlichen chinesischen Schützenpanzers namens Typ 97 oder ZBD-97 erschienen Mitte der 1990er-Jahre. 2003 veröffentlichten die Chinesen erste Fotos des Fahrzeugs, das nun ZBD-97 hieß. 2004 gaben sie bekannt, die VBA habe den Schützenpanzer als ZBD-04 übernommen. Dabei setzte die Serienfertigung des ZBD-04 und auf ihm beruhender Kampf- und Unterstützungsfahrzeuge bekanntermaßen bereits 1999 ein. In den letzten Jahren erschien eine verbesserte Ausführung ZBD-04A. Bis 2021 wurden insgesamt etwa 2950 Fahrzeuge hergestellt. Rein äußerlich ähnelt der ZBD-04 dem sowjetischen BMP-3, aber mit Ausnahme des Turms lässt sich das Fahrzeug leicht als chinesische Konstruktion erkennen. Seine Einteilung orientiert sich an der Standard-Auslegung chinesischer MTW und SPz, wobei sich das Motor-/Getriebeabteil im Bug und nicht wie beim BMP-3 im

Technische Angaben Kettenschützenpanzer ZBD-04	
Besatzung, Personen	3 + 7
Gefechtsgewicht, t	20
Abmessungen, mm:	
Wannenlänge	7220
Breite	3200
Höhe	2500
Bewaffnung (Kaliber), mm:	
Kanone	1 x 100 mm, 1 x 30 mm
Maschinengewehr	1 x 7,62
Kampfbeladung, Schuss:	
Kanone	30 x 100 mm, 500 x 30 mm
Maschinengewehr	2000 x 7,62 mm
Motorleistung, PS	590
Höchstgeschw. km/h: **auf befestigten Straßen** **schwimmend**	 65-75 6
Fahrbereich, km	500

Kettenschützenpanzer ZBD-04, Seitenansicht.

Kettenschützenpanzer ZBD-04, Bugansicht.

Heck befindet. Praktischer Weise kann der Schützentrupp so über eine Hecktür schnell auf- und absitzen und muss sich nicht mit Dachluken abplagen, in denen die Soldaten mit Ausrüstungsteilen gern mal hängenbleiben. In voller Kampfausrüstung ist der Dachaus- und einstieg sowieso eine Zumutung; einmal ganz davon abgesehen, dass sich die Soldaten hier vermehrt feindlichem Feuer aussetzen. Der Motor sitzt vorn rechts im Bug, links davon der Fahrer und neben ihm findet ein weiterer Soldat Platz. Der Kampfraum im mittleren Teil beherbergt einen geschweißten Zweimannturm mit einer Bewaffnung ähnlich dem BMP-3 – der Arbeitsplatz von Kommandant und Richtschütze. Der Truppenraum für sechs Schützen in voller Kampfausrüstung befindet sich im hinteren Teil. Der Schützentrupp sitzt über die Hecktür auf und ab und notfalls über Dachluken. An Seiten und Hecktür befinden sich Schießöffnungen für Sturmgewehre und leichte Maschinengewehre. Die Wanne besteht aus geschweißten Panzerblechen. Die Bugplatten weisen starke Schrägungen auf, die an Seiten und Heck stehen nahezu senkrecht. Am Bug widersteht der ZBD-04 ab 1000 m sogar 30-mm-Geschossen, an den Seiten panzerbrechenden 14,5-mm-Projektilen. Der Panzerschutz der Variante ZBD-04A ist durch übereinanderliegende Panzerplatten verstärkt. Die Hauptbewaffnung des ZBD-04 besteht aus einer halbautomatischen, auf zwei Achsen stabilisierten 100-mm-Kanone Typ 96, ähnlich der sowjetischen 2A70, mit Höhenrichtbereich –8° bis +60°. Sie verschießt Spreng-/Splitter- und thermobarische Geschosse aus chinesischer Produktion sowie Rohrlenkraketen ähnlich der sowjetischen 9M117 mit Laserlenkung. Mit den Rohrraketen, die bis zu 600 mm Panzerung durchschlagen, lassen sich nicht nur Kampfpanzer und Bunker, sondern auch niedrig fliegende Hubschrauber bekämpfen. Die sinnvolle Höchstschussweite liegt bei 4000 m. Das ist aber noch nicht alles: Zur Bewaffnung des ZBD-04 gehört auch eine mit dem 100-mm-Geschütz kombinierte 30-mm-Kanone ZPT-99 (ähnlich der sowjetischen 2A72). Die Kadenz liegt bei 300 Schuss pro Minute und die Kampfentfernung bei 1500–2000 m. Sie verschießt Spreng-/Splitter- und panzerbrechende Geschosse. Nicht zu vergessen das mit der 100-mm-Waffe gepaarte koaxiale 7,62-mm-Maschinengewehr Typ 86. Bei der Ausführung ZBD-04A löste es das 5,8-mm-Maschinengewehr QJT-88 ab. Nach Berichten erhielten einige Fahrzeuge zusätzlich Panzerabwehrlenkraketen HJ-8 mit insgesamt vier Abschussvorrichtungen an den Turmseiten. Zur Feuerleitanlage gehören ein digitaler Geschlossflugbahnrechner, ein Laserentfernungsmesser, ein elektromechanischer Geschützstabilisator sowie kombinierte Tag-/Nachtvisiere für Richtschütze und Kommandant. Von den drei Winkelspiegeln der Fahrerluke lässt sich der mittlere durch ein Nachtsichtgerät ersetzen. Als Motor versieht ein 590-PS-Dieselmotor 6V150-Dieselmotor seinen Dienst. Das Kettenlaufwerk weist eine

Der Kettenschützenpanzer ZBD-04 ähnelt dem russischen BMP-3, aber der Motor befindet sich im Bug und nicht im Heck. Deshalb kann der Schützentrupp über eine Hecktür auf- und absitzen.

05

Schützenpanzer ZBD-04 auf einer Parade.

hydropneumatische Aufhängung mit je sechs Lauf- und drei Stützrollen je Seite auf.

Laufwerk und Motor verhelfen dem ZBD-04 zu einer hohen Straßengeschwindigkeit von bis zu 75 km/h. Im Gelände überwindet er bis zu 2,5 m breite Gräben und bis zu 0,8 m hohe senkrechte Hindernisse. Gewässer durchschwimmt er mittels zweier Wasserstrahldüsen nach offiziellen Angaben mit bis zu 20 km/h. Auf Grundlage des ZBD-97 entstanden folgende Kampf- und Unterstützungsfahrzeuge:

- ZBD-97: Ausführung als Führungs- und Stabsfahrzeug;
- AFT-10: Träger für Panzerabwehr-Lenkraketen HJ-10 (Raketenjagdpanzer);
- ZBD-97 Bergepanzer;
- ZBD-97 Tankfahrzeug.

Exportversionen des ZBD-04 tragen die Bezeichnungen VN-11, VN-11A und VN-12.

Schützenpanzer ZBD-04 auf dem Marsch.

Vierseiten-Darstellung Kettenschützenpanzer ZBD-04.

Schwerer Schützenpanzer VN-17

Im August 2017 tauchten erste Berichte über die Erprobung des neuen schweren Schützenpanzers VN-17 auf. Im April 2018 präsentierte Norinco das Fahrzeug auf der Rüstungsmesse DAS in Kuala Lumpur. Chinesischen Medienberichten zufolge sollen die schweren (Panzer-)Brigaden der VBA das Fahrzeug erhalten. Exportlieferungen sind nicht vorgesehen. Der VN-17 beruht auf dem leichten Kampfpanzer VT-5 (siehe dort) und verfügt daher über das gleiche Fahrwerk, Motor, Getriebe usw., den gleichen Panzerschutz sowie in Teilen auch die gleiche Ausstattung. Durch die Verwendung von Baugruppen bzw. -teilen des VT-5 beim VN-17 erreichte Norinco eine hohe Vereinheitlichung beider Kampffahrzeuge und damit eine Vereinfachung bei Versorgung und Wartung, bei der Ausbildung der Besatzungen und des technischen Personals, sowie nicht zuletzt eine

Technische Angaben Schwerer Schützenpanzer VN-17	
Besatzung, Personen	3 + 7
Gefechtsgewicht, t	30
Abmessungen, mm:	
Wannenlänge	
Breite	
Höhe	
Bewaffnung (Kaliber), mm:	
Kanone	1 x 30
Maschinengewehr	1 x 7,62
Panzerabwehrlenkraketen	4 x HJ-12
Kampfbeladung, Schuss:	
Kanone	keine Angaben
Maschinengewehr	keine Angaben
Motorleistung, PS	1000
Höchstgeschwindigkeit km/h	70
Fahrbereich, km	500

Schwerer Schützenpanzer VN-17 auf einem Übungsplatz.

Schwerer Schützenpanzer VN 17, Seitenansicht. Man beachte die geteilten Seitenschürzen.

Kostensenkung bei Herstellung und Instandsetzung (Ersatzteile). Der VN-17 übernahm einige der technischen Lösungen, die beim deutschen SPz „Puma" und beim schwedischen SPz CV-90 umgesetzt wurden. Seine Aufteilung unterscheidet sich nicht von der heute bei SPz üblichen Platzierung von Motor-/Getriebe nebst Fahrer im Bug, dem Kampfraum mit Drehturm in der Mitte und dem Raum für den Schützentrupp dahinter. Die Besatzung besteht aus Kommandant, Richtschütze, Fahrer und bis zu sieben Infanteristen in voller Gefechtsausrüstung; die über eine Heckrampe auf- und absitzen. Die aus Panzerstahlplatten geschweißte Wanne weist eine Panzerung nach NATO-STANAG-Klasse 6 auf, die zuverlässig vor Handwaffen, Granatsplittern und Minen (je nach Bauart) schützt. Der Wannenboden lässt sich durch Zusatzpanzerung verstärken und hält dann sogar dem Detonationsdruck einer 8-kg-Panzermine stand. Zu den wichtigsten Neuerungen des VN-17 aber gehört das ferngesteuerte Kampfmodul. Um einen zuverlässigen Schutz bei geringem Gewicht zu gewährleisten, beschlossen die Konstrukteure, die Wannenlänge im Vergleich zum VT-5 leicht zu verkürzen. Bei Verwendung eines herkömmlichen bemannten Geschützturms würde dessen unterer Teil einen Teil des Truppenraums einnehmen, was unweigerlich zu einer Verringerung des Schützentrupps führen würde. Um dies zu verhindern, wurden die Turmwaffen nebst Munition und Zielanlage in einem unbemannten Turm untergebracht, der den üblichen Richtschützensitz einsparte.
Als Hauptwaffe erhielt der VN-17 eine chinesische 30-mm-Maschinenkanone nebst koaxialem 7,62-mm-Maschinengewehr. Optionen für eine 35-mm-Maschinenkanone und Waffen größeren Kalibers zogen die Väter des VN-17 in Betracht, entschieden sich aber aus oben genannten Platzgründen für die 30-mm-MK. Zur Bekämpfung schwer gepanzerter Ziele umfasst die Bewaffnung auch vier lasergesteuerte Lenkraketen des Typs HJ-12 „Roter Pfeil". Je zwei Startschienen befinden sich rechts und

Schwerer Schützenpanzer VN 17, Buganansicht.

Der schwere Kettenschützenpanzer VN 17 hat ein Gefechtsgewicht von 30 t und verfügt über ein ferngesteuertes Kampfmodul mit 30-mm-Maschinenkanone.

links des unbemannten Drehturms. Damit kann der VN-17 Kampfpanzer und ähnlich schwere Brocken auf bis zu 4000 m mit hoher Wirksamkeit bekämpfen. Die lasergesteuerte HJ-12-Rakete ist da recht zuversichtlich. Zielerfassung und Zielen erfolgen über eine automatisierte Anlage einschließlich Mehrkanal-Panoramavisier des Kommandanten und Kombivisier des Richtschützen. Zu Letzterem gehören ein Tag- und Nachtsicht-Zielfernrohr mit Wärmebildkanal, ein Laserentfernungsmesser sowie das Laserrichtgerät für die Lenkraketen. Die Anlage ermöglicht nicht nur eine automatische Zielverfolgung, sondern auch eine Zielidentifizierung. Zur sonstigen Ausrüstung des schweren Schützenpan-

zers gehören eine automatische Feuerlöschanlage, eine ABC-Schutzanlage sowie eine Aerosol-Nebelmittelwurfanlage mit zwölf Wurfbechern, je sechs auf den Turmseiten. Den Antrieb übernimmt ein Dieselmotor mit Turbolader FX0012 mit einer maximalen Leistung von 1000 PS, dessen Kraft ein hydromechanisches Getriebe auf das Laufwerk überträgt.

Seine Tankkapazität ermöglicht dem Fahrzeug einen Fahrbereich von 500 km auf befestigten Straßen. Im Gegensatz zu anderen chinesischen Schützenpanzern ist der schwere VN-17 (Gefechtsgewicht 30 t) nicht schwimmfähig. Er durchwatet aber mühelos bis zu 1,2 m tiefe Gewässer, überklettert bis zu 0,8 m hohe senkrechte Hindernisse und überschreitet bis zu 2,6 m breite Gräben.

Luftlande-Schützenpanzer ZBD-03

Die Luftlandetruppen der VBA sind in einem recht schlagkräftigen Großverband zusammengefasst, dem Luftlandekorps der Luftwaffe. Es umfasst neun Brigaden und ein Regiment:

- 6 Luftlandebrigaden;
- 1 Sonderbrigade;
- 1 Unterstützungs- und Versorgungsbrigade;
- 1 Transportfliegerbrigade;
- 1 Hubschrauberregiment.

Die Einführung des Luftlande-Schützenpanzers ZBD-03 steigerte die taktische Beweglichkeit und Feuerkraft der Luftlandebrigaden erheblich. Seine Geschichte: Anfang der 1990er-Jahre erteilte die VBA den Auftrag zur Entwicklung eines gepanzerten Kampf- und Transportfahrzeugs für Fallschirmjäger. In der Entwicklungsphase firmierte das Fahrzeug unter WZ-506 und ZSL-2000, nach seiner Übernahme

Technische Angaben Luftlande-Schützenpanzer ZBD-03	
Besatzung, Personen	3 + 5
Gefechtsgewicht, t	8
Abmessungen, mm:	
Wannenlänge	5600
Breite	2600
Höhe	2200
Bewaffnung (Kaliber), mm:	
Kanone	1 x 30
Maschinengewehr	1 x 7,62
Kampfbeladung, Schuss:	
Kanone	350
Maschinengewehr	1000
Motorleistung, PS	1000
Höchstgeschw. km/h: auf befestigten Straßen schwimmend	 68 6
Fahrbereich, km	500-600

Luftlande-Schützenpanzer ZBD-03 bei einer Parade.

durch die VBA im Jahr 2003 erhielt es die Bezeichnung ZBD-03. Bei der Entwicklung diente zwar der sowjetische Luftlande-Schützenpanzer BMD-1 als Vorbild, aber die Chinesen beschlossen, ihn nicht einfach bloß nachzubauen. Denn der BMD-1 war nicht nur in die Jahre gekommen, sondern hatte auch seine Nachteile. Dazu gehörte die Anordnung von Motor und Getriebe im Heck, so dass die Fallschirmjäger nur über Dachluken auf- und absitzen konnten. Die schlauen Chinesen verlegten daher das Motor-/Getriebe-Abteil in den Bug, so dass die hintere Besatzung über eine Hecktür ein- und aussteigen konnte. Grundsätzlich entsprach die Einteilung nun anderen chinesischen MTW und SPz mit

- Motor-/Getriebeabteil rechts im Bug und Fahrer links;
- Kampfraum mit Drehturm in der Mitte;
- Truppenraum im hinteren Teil des Fahrzeugs.

Fahrer und Kommandant sitzen über Dachluken auf und ab; beide beobachten über Winkelspiegel. Der Truppenraum verfügt neben der Heckklappe über zwei rechteckige Dachluken als Notausstiege; außerdem über vier Schießöffnungen mit gepanzerten Klappen sowie Winkelspiegel zum Beobachten und Zielen auf dem Dach. Die Hauptbewaffnung bildet eine mit einem 7,62-mm-MG gepaarte 30-mm-Maschinenkanone in einem Schwenkturm, die Spreng-/Splitter-, panzerbrechende Leuchtspur- und panzerbrechende Unterkalibergeschosse verschießt. Bei einer Kadenz von 100–200 S/min kann sie Einzelfeuer oder Feuerstöße von 3–5 Schuss abgeben. Die Munition wird aus Doppelgurten zugeführt; die Kampfbeladung von 350 Granatpatronen unterteilt sich in 125 panzerbrechende und 225 Splittergeschosse. Am Turmheck befindet sich eine Abschussvorrichtung für insgesamt drei mitgeführte Panzerabwehrlenkraketen HJ-73 (Nachbau der sowjetischen „Maljutka-2"). An den Turmseiten finden sich ferner eine Nebelmittelwurfanlage zu je drei Wurfbechern. Der Richtschütze zielt über ein kombiniertes Tag-/Nachtvisier. Im Gegensatz zu den Aluminiumwannen sowjetischer Luftlande-Schützenpanzer erhielt der ZVD-03 eine Wanne aus geschweißten Panzerblechen. Dies führte zwar zu einer deutlichen Erhöhung des Gefechtsgewichts, aber zu besserem Panzerschutz. Dennoch musste der aus Gewichtsgründen verhältnismäßig dünn ausfallen und schützt am Bug nur gegen 12,7-mm- und an den Seiten gegen 7,62-mm-Geschosse. Im

Bei lediglich 8 t Gefechtsgewicht lässt sich der Luftlande-Schützenpanzer ZBD-03 an Fallschirmen abwerfen, erreicht 68 km/h Spitzengeschwindigkeit am Boden und kann auch noch schwimmen – ein wahrlich triphibisches Fahrzeug.

Herstellen der Gefechtsbereitschaft an einem Luftlande-Schützenpanzer ZBD-03 nach der Fallschirmlandung.

Motor-/Getrieberabteil ist ein flüssigkeitsgekühlter Sechszylinder-V-Diesel von Dongfeng mit 210 PS verbaut, der dem 8-t-Panzerchen eine Höchstgeschwindigkeit von 68 km/h verleiht. Das Kettenlaufwerk setzt sich je Seite aus fünf Zwillingslaufrollen, drei Stützrollen, einem vorderen Antriebs- und einem hinteren Leitrad zusammen. Eine hydropneumatische Federung ermöglicht eine Veränderung der Bodenfreiheit und genau wie die sowjetisch-russischen Verwandten kann der ZBD-03 schwimmen. Der Antrieb im Wasser erfolgt über die Ketten. Auf befestigten Straßen erreicht das Fahrzeug eine Geschwindigkeit von bis zu 68 km/h, im Wasser um die 6 km/h. Der ZBD-03 lässt sich nicht nur mit mittleren und schweren Transportflugzeugen verfrachten, sondern aus diesen auch mit Fallschirmen abwerfen.

Der zierlich wirkende Luftlande-Schützenpanzer ZBD-03 kann acht Personen aufnehmen, darunter einen fünfköpfigen Schützentrupp.

Im Transportflugzeug Y-20 (die chinesische Il-76MD) finden drei ZBD-03 Platz. Für den Fallschirmabwurf des ZBD-3 wurde das-Mehrkuppel-Lastenfallschirmsystem K/STW-17 mit Pulverraketen-Bremsvorrichtung entwickelt. Folgende Varianten des Standard-ZVD-03 sind bekannt:

- ZVD-03 Modell 2021 mit neuer Funkanlage und verbesserter Feuerleitanlage,
- Führungsfahrzeug Bataillonsgefechtsstand;
- Panzerabwehr-Lenkraketenträger (LL-Raketenjagdpanzer);
- Gepanzertes Transportfahrzeug.

Auf dieser Paradeaufnahme kommt das Mehrkuppel-Fallschirmsystem K/STW-17 des ZBD-03 gut zur Geltung.

Luftlande-Schützenpanzer ZBD-03 sind zu einer Vorführung oder Besichtigung aufgefahren. Man beachte die langen Rohre der 30-mm-Maschinenkanonen.

Amphibien-Schützenpanzer ZBD-2000 (ZBD-05)

Für die Taktik der so genannten „Over-the-horizon"-Landung, also des Absetzens von Landungstruppen vor einer Küste außerhalb der Sichtweite des Gegners, benötigte die chinesische Marineinfanterie ein geeignetes Landungsfahrzeug. Dessen Entwicklung begann in den späten 1990er-Jahren. Nach umfangreicher Erprobung wurde das Fahrzeug unter der Bezeichnung ZBD-2000 in Dienst gestellt. Die Bezeichnungen ZBD-05 und VN-16 (Exportausführung) sind ebenfalls gebräuchlich. Die Serienfertigung des Schwimm-Schützenpanzers begann 2006 und danach ging er sechs Marineinfanterie-Brigaden der Marine sowie sechs amphibischen Brigaden des Heeres zu. 2023 betrug die Gesamtzahl in Dienst stehender ZBD-2000 einschließlich Abarten geschätzte 1850 Stück. Der Grundentwurf basiert auf der traditionellen Einteilung chinesischer Schützenpanzer mit Motor-/Getriebeabteil im Bug vorn rechts und Fahrer links, Kampfraum in der Mitte und Truppenraum

Technische Angaben Amphibien-Schützenpanzer ZBD-2000	
Besatzung, Personen	3 + 7
Gefechtsgewicht, t	26,5
Abmessungen, mm:	
Wannenlänge	9500
Breite	3360
Höhe	3300
Bewaffnung (Kaliber), mm:	
Kanone	1 x 30 mm
Maschinengewehr	1 x 7,62mm, 1 x 12,7 mm
Kampfbeladung, Schuss:	
Kanone	
Maschinengewehr	
Motorleistung, PS	590
Höchstgeschw. km/h: **auf befestigten Straßen** **schwimmend**	 65 25–30
Fahrbereich, km	500

Amphibien-Schützenpanzer ZBD-2000 in seinem Element.

im Heck. Die Marineinfanteristen sitzen über eine Hecktür oder Dachluken auf und ab. Die Gestaltung der Wannenform ergab sich größtenteils auf den Wunsch, eine möglichst hohe Geschwindigkeit (bis zu 30 km/h) bei der Schwimmfahrt zu erreichen. Der Bug erhielt daher eine Abschrägung nach Art eines Pontons zur Verbesserung der Gleitfähigkeit, während das Heck senkrecht abfällt. Vorn und achtern erhöhen hydraulisch ausfahrbare Wasserschilde die strömungsgünstige Gleitform und lassen sich vor dem Zuwassergehen in eine schräge bzw. horizontale Position bringen. Bei der Landfahrt liegt das Bugschild am Bug an und das Heckschild am Heck, wobei Letzteres zum Einsteigen der Marineinfanteristen ein Stück abgesenkt wird und so als treppenartige Einstiegshilfe dient. Die Panzerung von Wannenseiten und Heck schützt nur gegen Handwaffengeschosse 7,62 mm und leichte Granatsplitter, während der Turm dank einer Art Zusatzpanzerung an der Front sogar aus 1000 m und darüber abgefeuerten 25-mm-Geschossen widersteht. Der hintere Teil des Turms und die Frontpanzerung der Wanne halten 12,7-mm-Geschossen stand. Das Bugschild erhöht die Stärke der Frontpanzerung. Die Bewaffnung besteht aus einer chinesischen 30-mm-Kanone 2A72 (russische Lizenz) im geschweißten Drehturm und einer Schiene für den Abschuss von Panzerabwehrlenkraketen HJ-73C an der linken Seite. Nach Fotos zu urteilen, erhielten jüngere Ausführungen des Fahrzeugs einem dem SPz ZBD-97 (siehe oben) ähnlichen Turm, jedoch ohne 100-mm-Kanone. Gleichzeitig erhielt das Rohr eine Art Schutzmantel, der verhindern soll, dass es sich durch ungleichmäßige Erwärmung beim Schießen oder durch starke Sonneneinstrahlung verzieht. Die Zusatzbewaffnung besteht aus einem koaxialen 7,62-mm-Maschinengewehr, einem 12,7-mm-Maschinengewehr zur Fliegerabwehr auf dem Turm und einer Nebelmittelwurfanlage an den vorderen Turmseiten. Ein 599 PS starker Dieselmotor treibt das Laufwerk mit sechs Lauf- und drei Stützrollen je Seite an. Seitenschürzen mit Längsrippen sollen beim Schwimmen den Wasserwiderstand verringern helfen. Die Schwimmfahrt ermöglichen zwei Wasserstrahlantriebe am Heck, die dem ZBD-2000 beachtliche 30 km/h Höchstgeschwindigkeit verleihen und damit zum schnellsten Fahrzeug seiner Art machen. Auf befestigten Straßen bringt es der ZBD-2000 auf 65 km/h.

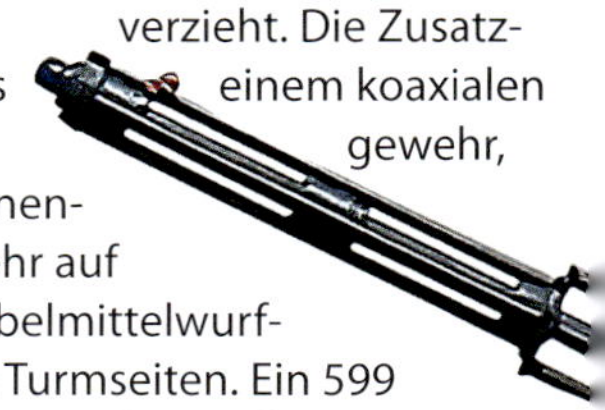

Amphibien-Schützenpanzer ZBD-2000 mit 30-mm-Kanone 2A72 im Drehturm.

Im Gelände überwindet er bis zu 0,7 m hohe senkrechte Hindernisse und bis zu 2 m breite Gräben. Der Fahrbereich an Land beträgt 500 km und im Wasser 90 km bei einer Tankfüllung. Auf Grundlage des ZBD-2000 entstand eine Familie von Kampf- und Transportfahrzeugen, zu der folgende Modelle gehören:

- ZTD-05 (Exportbezeichnung VN-16) mit schwerem 105-mm-Geschütz (waffenstabilisiert), das auch Rohrraketen abfeuern kann. Die Hohlladung durchschlägt 460–500 mm Panzerstahl;
- Führungs- und Stabsfahrzeug mit 12,7-mm-Maschinengewehr;
- Gepanzertes Berge- und Instandsetzungsfahrzeug;
- Gepanzertes Sanitätsfahrzeug;
- Minenräumfahrzeug.

Amphibien-Schützenpanzer ZBD-2000, Seitenansicht. Der ausladende pontonförmige Bug kommt auf der Aufnahme gut zur Geltung.

Amphibien-Schützenpanzer ZBD-2000 bei der Anlandung mit noch ausgefahrenem Bugschild.

Röntgenschnitt der Ausführung ZTD-05 mit 105-mm-Kanone.

Kampfunterstützungsfahrzeug ZTL-09

Die chinesischen Streitkräfte stellten in den letzten Jahren nach Vorbild der US-amerikanischen „Stryker“-Brigaden schnelle Eingreifverbände auf. Diese Brigaden sind mit verschiedenen Panzerfahrzeugen ausgestattet, die auf einer einzigen Plattform aufbauen – dem gepanzerten Rad-MTW ZBL-09. Die Wahl der Chinesen fiel auf Radfahrzeuge, da diese weniger Kosten bei Herstellung und Instandsetzung verursachen. Außerdem sind sie auf befestigten Straßen sehr schnell und können daher schneller als Kettenfahrzeuge auf veränderte Bedingungen im Einsatzraum reagieren. Zum Dritten benötigen diese Fahrzeuge im Gegensatz zu Kampfpanzern oder schweren SPz auch keine Sattelschlepper für die Verlegung über größere Strecken. Da die schnellen Eingreifbrigaden der VBA seit 2009 den Rad-MTW ZBL-09 verwenden, lag es nahe, auf seiner Grundlage auch das Kampfunterstützungsfahrzeug ZTL-09 zu schaffen. Wie sein Name verrät, soll das Fahrzeug die Infanterie im Feuerkampf unterstützen, Feldbefestigungen wie Bunker oder Panzerfahrzeuge zerstören. Wegen dieses Aufgabenspektrums wurde beim ZTL-09 das Motor-/Getriebeabteil wie bei Kampfpanzern ins Heck verlegt und der Drehturm rückte in die Mitte. Die Wanne besteht aus geschweißten Panzerblechen und bietet chinesischen Angaben zufolge am Bug Schutz gegen panzerbrechende 25-mm-Granaten, ansonsten überall gegen panzerbrechende 12,7-mm-Geschosse. Außerdem wurde der Minenschutz verbessert. Eine ABC-Schutz- und eine automatische Feuerlöschanlage gehören zum Standard. Die vierköpfige Besatzung steigt über Seitentüren oder Dachluken zu. Die Bewaffnung im Drehturm umfasst eine 105-mm-Kanone und ein koaxiales 7,62-mm-Maschinengewehr. Die Kanone kann gepanzerte Ziele auf bis zu 2000 m bekämpfen; ihre Hohlladungsgranaten durchschlagen 460–500 mm homogenen Panzerstahl. Zur Bekämpfung gepanzerter Ziele auf größere Gefechts-

Kampfunterstützungsfahrzeug ZTL-09 bei einer Parade.

Technische Angaben Kampfunterstützungsfahrzeug ZTL-09	
Besatzung, Personen	4
Gefechtsgewicht, t	21
Abmessungen, mm:	
Wannenlänge	8000
Breite	3000
Höhe	2100
Bewaffnung (Kaliber), mm:	
Kanone	1 x 105 mm
Maschinengewehr	1 x 7,62 mm, 1 x 12,7 mm
Kampfbeladung, Schuss:	
Kanone	30
Maschinengewehr	800 x 7,62, 480 x 12,7
Motorleistung, PS	400
Höchstgeschw. km/h:	
auf befestigten Straßen	100
schwimmend	8
Fahrbereich, km	600-800

Kampfunterstützungsfahrzeug ZTL-09, Buganzicht.

entfernungen und von Kampfpanzern mit Reaktivpanzerung stehen Panzerabwehrlenkraketen zur Verfügung (wahrscheinlich von der russischen 9M117 „Bastion" abgeleitet). Ein 12,7-mm-Maschinengewehr auf dem Turmdach lässt sich gegen Boden- wie Luftziele einsetzen und die beidseitig des Turms angeordnete Nebelmittelwurfanlage gibt dem ZTL-09 notfalls Sichtschutz. Eine hochmoderne digitale Feuerleitanlage erleichtert nicht nur den Feuerkampf, sondern vernetzt den ZTL-09 auch mit anderen Kampffahrzeugen und Führungsstellen auf dem Gefechtsfeld. Ein deutscher Sechszylinder-V-Dieselmotor Deutz BF6M1015C mit 440 PS und Automatikgetriebe verleiht dem 21-t-Fahrzeug in Verbindung mit dem 8 x 8-Fahrgestell nicht nur 100 km/h Spitzengeschwindigkeit, sondern auch ausreichend Kraft im Gelände und hohe Beweglichkeit. Dazu trägt auch die zentrale Reifendruck-Regelanlage bei. Der Fahrbereich beträgt 800 km. Dank seiner ZBL-09-Abstammung kann der ZTL-09 auch schwimmen. Zwei Wasserstrahlantriebe bringen ihn dabei auf bis zu 8 km/h.

Kampfunterstützungsfahrzeug ZTL-09, das man aufgrund seiner starken Kanonenbewaffnung auch als Jagdpanzer oder Panzerjäger bezeichnen könnte.

Kampfunterstützungsfahrzeug ZTL-09,
Ansicht von rechts.

Kampfunterstützungsfahrzeug ST-1

Zu den jüngsten, aber mittlerweile nicht mehr ganz taufrischen Entwicklungen des Norinco-Konzerns in Sachen gepanzerter Fahrzeuge zählt das Feuerunterstützungsfahrzeug ST-1. Es wurde erstmals 2014 der Öffentlichkeit präsentiert; 2020 ging eine größere Exportlieferung nach Nigeria. Wie andere chinesische Feuerunterstützungsfahrzeuge ist es für ein breites Spektrum taktischer Aufgaben ausgelegt, von der Aufklärung und dem Begleitschutz über die Feuerunterstützung von Infanterie bis zur Bekämpfung von Bunkern sowie leichten und mittleren Panzern. Der Hauptvorteil des ST-1 ist seine Mobilität, indem es befestigte wie unbefestigte Straßen nutzt, um schnell auf unterschiedliche Bedrohungen zu reagieren. Der ST-1 stellt die Exportversion des Feuerunterstützungsfahrzeugs ZTL-09 dar. Das Fahrwerk wurde geringfügig geändert und der

Technische Angaben Kampfunterstützungsfahrzeug ST-1	
Besatzung, Personen	4
Gefechtsgewicht, t	23,59
Abmessungen, mm:	
Wannenlänge	8000
Breite	3000
Höhe	2100
Bewaffnung (Kaliber), mm:	
Kanone	1 x 105 mm
Maschinengewehr	1 x 7,62 mm, 1 x 12,7 mm
Kampfbeladung, Schuss:	
Kanone	30
Maschinengewehr	800 x 7,62, 480 x 12,7
Motorleistung, PS	440
Höchstgeschwindigkeit km/h	100
Fahrbereich, km	800

Auf guten Straßen kann das Kampfunterstützungsfahrzeug ST-1 schon mal 100 km/h erreichen.

Kampfunterstützungsfahrzeug ST-1, versehen mit einem äußerst minimalistischen Tarnanstrich.

Drehturm mit Bewaffnung vom WMA-301 (siehe unten) übernommen. Motor und Getriebe befindet sich vorn rechts im Bug, links davon der Fahrer. Der Kampfraum nimmt den mittleren und hinteren Teil der Wanne ein. Die Frontpanzerung der geschweißten Wanne schützt vor panzerbrechenden 12,7-mm-Geschossen, die Seiten- und Heckpanzerung vor panzerbrechenden 7,62-mm-Geschossen, einschließlich leichten Granatsplittern. Das lässt sich verbessern: Der ST-1 kann mit Verbundkeramik-Satz nachgerüstet werden. Damit widersteht er am Bug panzerbrechenden 25-mm-Granaten und an den Seiten panzerbrechenden 12,7-mm-Geschossen. Wahrscheinlich erhielt er auch verbesserten Minenschutz, sicher aber eine ABC-Abwehr- und eine automatische Feuerlöschanlage. Die vierköpfige Besatzung besteht aus Kommandant, Richtschütze, Ladeschütze und Fahrer und sitzt über eine Hecktür bzw. Dachluken auf und ab. Die große Hecktür vereinfacht auch das Aufmunitionieren des ST-1, vor allem mit schweren Granatpatronen. Der ZTL-09 weist hingegen nur eine relativ unbequeme kleinere Seitentür auf. Im Kampfraum mit Drehturm des ST-1 ist eine stabilisierte 105-mm-Panzerkanone nach NATO-Standard verbaut, die panzerbrechende Unterkalibergranaten (APFSDS), Hohlladungsmunition (HEAT), Spreng-/Splittergeschosse (HE) sowie Rohrraketen verfeuern kann. Die Zusatzbewaffnung besteht aus einem koaxialen 7,62-mm-MG rechts der Kanone sowie einem 12,7-mm-Maschinengewehr zur Fliegerabwehr rechts auf dem Turmdach. Die beidseitig am Turm angeordnete Nebelmittelwurfanlage weist je drei Wurfbecher auf. Des Weiteren verfügt der ST-1 über eine moderne Feuerleit- und eine Waffenstabilisierungsanlage sowie über ein Wärmebildvisier, um bei Tag und Nacht, aus dem Stand oder aus der Bewegung heraus stationäre wie sich bewegende Ziele mit hoher Trefferaussicht zu bekämpfen.

Ein Sechszylinder-V-Dieselmotor BF6M1015CP mit Schaltgetriebe entwickelt eine Höchstleistung von 440 PS. Er wird in China unter Lizenz der deutschen Firma Deutz hergestellt. Die Räder des 8 x 8-Fahrgestells verfügen über eine zentrale Reifendruck-Regelanlage, was die Geländegängigkeit erhöht. Berichten zufolge soll der ST-1 bis zu 0,5 m hohe senkrechte Hindernisse, bis zu 1,8 m breite Gräben und bis zu 1,2 m tiefe Gewässer überwinden. Auf befestigten Straßen erreicht er eine Höchstgeschwindigkeit von 100 Stundenkilometern. Anders als der ZTL-09 ist der ST-1 aber nicht schwimmfähig.

Kampfunterstützungsfahrzeug ST-1.

03

Kampfunterstützungsfahrzeug WMA-301

Norinco bietet seit 2012 auf dem internationalen Rüstungsmarkt das preisgünstige Feuerunterstützungsfahrzeug WMA-301 an, das manchmal auch als Panzerjäger bezeichnet wird. Medienberichten zufolge steht das Modell mittlerweile bei den Streitkräften von Myanmar (Birma), Kamerun, Dschibuti, des Senegal und des Tschad im Einsatz. Hauptaufgabe des WMA-301 ist die Feuerunterstützung der Infanterie auf dem Gefechtsfeld, die Zerstörung von Feldbefestigungen und Bunkern sowie die Bekämpfung feindlicher Panzerfahrzeuge. Seine Bewaffnung lässt sogar den Abschuss von Kampfpanzern zu, aber seine relativ dünne Panzerung hält schwererem Beschuss, geschweige denn einem offenen Duell mit Kampfpanzern, nicht stand. Der WMA-301 baut auf einem modifizierten 6 x 6-Fahrgestell des Radschützenpanzers WZ-551B (Typ 92A, siehe oben)

Technische Angaben Kampfunterstützungsfahrzeug WMA-301	
Besatzung, Personen	5
Gefechtsgewicht, t	19
Abmessungen, mm:	
Wannenlänge	6730
Breite	2860
Höhe	3150
Bewaffnung (Kaliber), mm:	
Kanone	1 x 105 mm
Maschinengewehr	1 x 7,62 mm, 1 x 12,7 mm
Kampfbeladung, Schuss:	
Kanone	30
Maschinengewehr	800 x 7,62, 480 x 12,7
Motorleistung, PS	320
Höchstgeschwindigkeit km/h	80
Fahrbereich, km	700

Das Kampfunterstützungsfahrzeug WMA -301 verfügt mit seiner 105-mm-Kanone über hohe Feuerkraft und dank eines 6 x 6-Fahrgestells und 320 Pferdestärken bei 19 t Gefechtsgewicht auch über hohe Mobilität.

Kampfunterstützungsfahrzeug WMA-301 bei einer Parade.

auf und erhielt einen Dreimannturm. Wanne und Turm bestehen aus geschweißten Panzerblechen, die vor Handwaffengeschossen und Granatsplittern schützen. Der Fahrer sitzt vorn links im Bug und beobachtet über drei Winkelspiegel im Lukendeckel (der mittlere lässt sich durch ein Nachtsichtgerät ersetzen) oder durch eine Fensteröffnung in der Frontpanzerung, die sich im Gefecht mit einer Panzerklappe verschließen lässt. Außerdem gibt es ein kleines Seitenfenster. Rechts vom Fahrer befindet sich ein weiterer Sitz mit gleicher Ausstattung für ein weiteres Besatzungsmitglied (dessen Aufgabe sich dem Verfasser nicht ganz erschließt). Hinter dem Fahrer- befindet sich das Motor-/Getriebeabteil, und wiederum dahinter der Kampfraum mit Drehturm und 105-mm-Kanone. Kommandant und Richtschütze sitzen links der Kanone, der Ladeschütze rechts.

Kampfunterstützungsfahrzeug WMA-301 im Einsatz als Schattenspender bei der Armee des Tschad.

Das stabilisierte 105-mm-Zugrohrgeschütz verfügt über eine Mündungsbremse, einen Wärmeschutzmantel und einem Rauchabsauger. In Marschstellung wird es auf dem vorderen Wannendach gezurrt. Die 105-mm-Kanone verschießt Standard-NATO-Munition, einschließlich panzerbrechender Unterkaliber-, Spreng-/Splitter- und Hohlladungsgranaten. Außerdem ein Geschoss mit Annäherungszünder zur Bekämpfung von Kampfhubschraubern sowie die lasergesteuerte 105-mm-Panzerabwehrlenkrakete G2 von Norinco mit maximaler Einsatzreichweite 5000 m. Sie verfügt über einen Tandemgefechtskopf, der zuerst reaktive Panzerung neutralisiert und dann bis zu 650 mm Panzerstahl durchschlägt. Dieser lasergesteuerte Flugkörper basiert auf einer russischen Konstruktion und kann aus jeder 105-mm-Panzerkanone abgefeuert werden, sofern sie über die entsprechenden Laserlenkmittel verfügt. Nach Norinco-Angaben von Norinco verfügt die 105-mm-Kanone auch in der Fahrt über eine hohe Ersttreffer-Wahrscheinlichkeit auf stationäre und sich bewegende Ziele; nicht zuletzt wegen ihrer automatischen Zielverfolgungsanlage. Die Zweitbewaffnung besteht aus einem koaxialen 7,62-mm-Ma-

Kampfunterstützungsfahrzeug WMA-301.

schinengewehr und einem 12,7-mm-Maschinengewehr auf dem Turmdach. An der Turmrückseite sind seitlich vier Nebelmittelwerfer montiert, die den vorderen Bereich abdecken. Die Kampfbeladung besteht aus 30 x 105-mm-Granaten, vier G2-Raketen, 800 Schuss 7,62 mm und 480 Schuss 12,7 mm. Zur Standardausrüstung gehören eine ABC-Abwehr- sowie eine automatische Feuerlöschanlage, eine Klimaanlage und eine GPS-Navigationsanlage. Den WMA-301 mit seinen 19 t Gefechtsgewicht treibt ein luftgekühlter Achtzylinder-V-Diesel BF8L413FC an, den die Chinesen in Lizenz der deutschen Firma Deutz nachbauen. Er entwickelt eine Höchstleistung von 320 PS und ist an ein Automatikgetriebe gekoppelt. Die Räder der ersten und zweiten Achse des 6 x 6-Fahrgestells lassen sich hydraulisch lenken. Die zentrale Reifendruck-Regelanlage gewährleistet hohe Beweglichkeit in jedem Terrain. Auf befestigten Straßen erreicht das Fahrzeug eine Höchstgeschwindigkeit von 80 km/h. Im Gelände überklettert es bis zu 0,55 m hohe senkrechte Hindernisse und überschreitet bis zu 1,2 m breite Gräben, ist aber nicht schwimmfähig. Der Fahrbereich beträgt 700 km.

Panzerjäger PTL-02 (Typ 02)

Wegen seiner Hauptbewaffnung, der 100-mm-Panzerabwehrkanone Typ 86, fällt es leicht, den PTL-02 auf Radschützenpanzer-Fahrgestell als Panzerjäger oder Jagdpanzer zu bezeichnen. Andererseits kann er in dieser Funktion durchaus als Kampfunterstützungsfahrzeug dienen, weshalb er im Rahmen dieser Modellreihe vorgestellt wird – zumal er auf dem 6 x 6-Fahrgestell des Radschützenpanzers Typ 92 aufbaut. In den 1990er-Jahren begann die Volksrepublik China mit der Bildung so genannter schneller Eingreiftruppen zur Bewältigung plötzlich auftretender Aufgaben in verschiedenen Regionen. Um eine hohe taktische Mobilität der Panzerabwehr-Abteilungen dieser Verbände zu gewährleisten, entwickelte Norinco einen selbstfahrenden Panzerjäger. Die VBA übernahm ihn im Jahr 2003 unter der Bezeichnung

Technische Angaben Panzerjäger PTL-02	
Besatzung, Personen	5
Gefechtsgewicht, t	19
Abmessungen, mm:	
Wannenlänge	6700
Breite	2900
Höhe	2100
Bewaffnung (Kaliber), mm:	
Kanone	1 x 100 mm
Maschinengewehr	1 x 7,62 mm, 1 x 12,7 mm
Kampfbeladung, Schuss:	
Kanone	30
Maschinengewehr	800 x 7,62, 480 x 12,7
Motorleistung, PS	320
Höchstgeschwindigkeit km/h	80
Fahrbereich, km	700

Panzerjäger PTL-02 beim Feuern auf einem Übungsplatz.

Kampfunterstützungsfahrzeug PTL-09, Ansicht von rechts.

Kampfunterstützungsfahrzeug PTL-09, Ansicht von links.

PTL-02 (auch bekannt als Typ 02). Das Fahrzeug wurde erstmals bei der russisch-chinesischen Friedensmission 2005 vorgeführt. Es wird angenommen, dass die VBA derzeit über etwa 250 Fahrzeuge dieses Typs verfügt. Bei der Entwicklung des PTL-02 versuchten die Norinco-Ingenieure, ein kostengünstiges Modell zu schaffen, das auf bewährten und verfügbaren Baugruppen eingeführter Kampffahrzeuge aufbaut. Aus diesem Grund handelt es sich beim PTL 02 im Prinzip um einen Radschützenpanzer Typ 92 (WZ-551), dessen Kampfraum einen Zweimann-Drehturm mit 100-mm-Geschütz erhielt. Der Fahrer befindet sich nach wie vor im Wannenbug, während der Motor- und Getrieberaum wie beim Typ 92 und seinen Abarten in der Wannenmitte untergebracht wurde. Wanne und Turm bestehen aus geschweißten Aluminiumpanzerplatten, die vor Handwaffengeschossen und Granatsplittern schützen. Der Zweimannturm basiert auf dem des Kampfpanzers Typ 88 (siehe dort) und verfügt über eine ähnliche, vereinfachte Feuerleitanlage und eine ähnliche Innenaufteilung, allerdings mit Ladeschützen statt Ladeautomat (und Kommandant im Wannenbug). Für den Ein- und Ausstieg der Besatzung gibt es zwei Dachluken im Bug, zwei Luken in den Seiten zwischen dem ersten Radpaar, zwei Luken im Turmdach und eine im Wannenheck. Der Fahrer und der rechts von ihm sitzende Kommandant beobachten durch Fenster mit Panzerglas, die im Gefecht durch Panzerklappen verschlossen werden. Dann beobachten sie durch vor den Luken angebrachte Winkelspiegel, von denen sich der jeweils mittlere durch ein passives

Nachtsichtgerät ersetzen lässt. Als Hauptbewaffnung im Drehturm führt der PTL-02 die zweiachsig stabilisierte 100-mm-Glattrohr-Panzerabwehrkanone Typ 86. Die Kanone ist mit einer hochwirksamen Mündungsbremse und einem Rauchabsauger ausgestattet, der nach dem Abschuss die Pulvergase aus dem Innenrohr entfernt. Der Richtschütze zielt über ein kombiniertes Tag-/Nacht-Visier und misst Entfernungen mittels eines integrierten Lasers. Der vorn im Bug sitzende Kommandant verfügt – so weit bekannt – nur über Beobachtungsmittel. Die Waffe verschießt Unterkalibergeschosse mit Wolframkern sowie Hohlladungs- und Sprengbrandgranaten. Die Kampfbeladung umfasst 30 Granatpatronen. Die Zweitbewaffnung bilden ein koaxiales 7,62-mm-Maschinengewehr Typ 86 und ein 12,7-mm-Maschinengewehr Typ W-85 vor der Ladeschützenluke. Eine beidseitig des Turms angeordnete Nebelmittelwurfanlage macht den PTL-02 bei Bedarf unsichtbar für den Feind. Im Motor-/Getriebeabteil ist ein luftgekühlter Achtzylinder-Viertakt-Dieselmotor BF8L413F mit Turbolader verbaut, der in China – wie es heißt – „mit deutscher Technologie" gefertigt wird. Er leistet 320 PS. Geschaltet wird über neun Vorwärts- und einen Rückwärtsgang und gesteuert mit Servolenkung. Die Räder mit Einzelradaufhängung sind an eine zentrale Reifendruck-Regelanlage angeschlossen.

Die Höchstgeschwindigkeit auf befestigten Straßen beträgt 85 km/h. Dank Notlaufeigenschaften kann der PTL-02 mit beschädigten Reifen noch mindestens 100 km bei bis zu 30 km/h Geschwindigkeit zurücklegen.

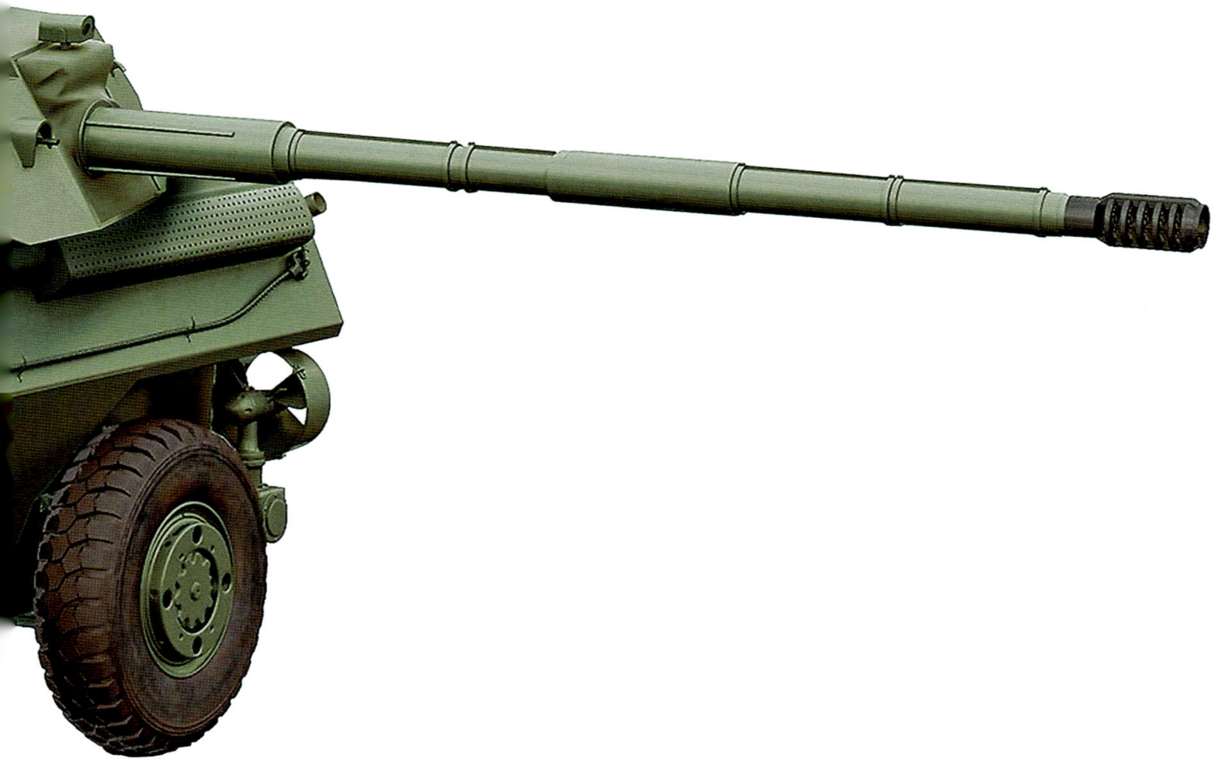

Kampfunterstützungsfahrzeug
und Panzerjäger PTL-09.